Kurt Jauch

Kosmische Geometrie im Leben Rudolf Steiners

Kurt Jauch

Kosmische Geometrie im Leben Rudolf Steiners

Oratio Verlag

Umschlagfoto: Das Goetheanum und seine Umgebung,
© HR. + P. Clerc, Fachfotografen, Dornach
Portrait auf der Umschlagrückseite: Rudolf Steiner, Weimar 1891.
© Verlag am Goetheanum, Dornach

Umschlag: Ursula Gmünder-Müller
Druck: Freiburger Graphische Betriebe
ISBN 3-7214-0694-X

Inhaltsverzeichnis

Einführung

Wesentliche Ereignisse der Geistesgeschichte sind nach Mass und Zahl, in räumlicher und zeitlicher Hinsicht geordnet. Ein kosmischer Plan bestimmt den Ablauf von solchem Geschehen. Diese Erkenntnis beruht auf einer Entdeckung, die im Zusammenhang mit der Erforschung von Standort und Massen von Sakralbauten gemacht werden konnte. Sie wird eingehend beschrieben in meinem Buch «Kosmisches Mass und Heiligtum».

Alte Kultstätten sind erwiesenermassen an ganz bestimmte Standorte gebunden. Sie stehen im Bereich von noch weitgehend unerforschten Kräften, die hier konzentriert wirksam sind. Wer sich eingehender mit diesen Phänomenen befasst weiss, dass dabei eine gitterartige Kräftestruktur eine bedeutsame Rolle spielt. Vertikale und horizontal verlaufende Kraftzonen durchdringen sich vielfältig und bilden so ein Gitter, das in unserem Lebensraum überall festgestellt werden kann. Diese Kräfte sind allerdings physikalischen Messmethoden nicht zugänglich. Hinweise lassen erkennen oder zumindest ahnen, dass sie mit den Lebensprozessen der Erde in Zusammenhang stehen. Wie die Sakralbauten der alten Hochkulturen belegen, haben deren Erbauer diese Kräftegitter gekannt.

Die Standorte von Kultstätten bzw. von Ereignissen der Geistesgeschichte zeichnen sich insbesondere dadurch aus, dass sich hier verschiedene dieser Kräftezonen kreuzen und so, zusammen mit noch anderen Einwirkungen, eine ganz bestimmte Qualität, man kann vielleicht auch sagen die Seele des Ortes bilden. Solche Kraftzentren sind gleichsam Tore zum Übersinnlichen.

Bei der erwähnten Arbeit über Standort und Masse von Heiligtümern ergaben sich Hinweise auf ein bedeutsames, konstantes Mass, das in diesem Kräftegitter enthalten ist und das als «Kosmische Masseinheit» bezeichnet werden kann. Dieses Mass, das ungefähr 3,144 m misst, erwies sich in der Folge als Schlüssel zur Erkenntnis, dass Kultstätten bzw. Geschehnisse der Geistesgeschichte in einer geheimnisvollen, exakten Ordnung zueinander in Beziehung stehen. Eine Geometrie bestimmt die Standorte von zusammengehörigen Ereignissen nach Mass und Zahl. Geometrische Figuren, die in der Regel nach Nord orientiert erscheinen, verbinden diese Orte miteinander. Dabei handelt es sich nicht nur darum, dass in der räumlichen Anordnung des Geschehens Geometrie erkannt werden kann. Diese Figuren existieren wirklich. Sie sind aus «Kraftlinien» gebildet und lassen sich an Ort eindeutig feststellen (z. B. mit den Methoden der Radiästhesie).

Die geometrische Ordnung stellt aber nur ein Aspekt dieses kosmischen Planes dar. In den Distanz- und Flächenmassen der Figuren liegen bemerkenswerte Massverhältnisse verborgen. Daraus geht weiter hervor, dass auch der zeitliche Ablauf des Geschehens einer höheren Ordnung unterliegt und sich in bedeutsamen Zahlenverhältnissen zu Längenmassen äussern kann.

Werden die Distanzen zwischen den einzelnen Standorten mit dem Mass von ca. 3,144 m, hier Kosmische Einheit KE genannt, gemessen, ergeben sich bedeutsame Symbolzahlen! Wo das Metermass zu nichtssagenden Masszahlen führt, wird nun eine grossartige Zahlenweisheit erkennbar, von welcher dieser geometrische Plan erfüllt ist.

Es sind nur wenige Zahlen, die ein Geschehen prägen und denen man immer wieder begegnet. Sie weisen hin auf eine uns heute nicht mehr vertraute Welt der Zahlenmystik und -symbolik, auf das Qualitative, Wesenhafte der Zahlen. Sie richtig zu deuten fällt schwer. An Hand der überlieferten Symbolik lassen sich zwar Aussagen zu den einzelnen Zahlen machen, warum allerdings eine bestimmte Zahl mit einem Ereignis in Verbindung steht, muss hier offen bleiben. Jene Zahlen, die im Folgenden besonders in Erscheinung treten, sind 9, 12, 17, 33 und 888 und mit der 9 verbunden 27 (3 x 9), 153 (17 x 9), 243 (27 x 9) und 297 (33 x 9).

Mass und Zahl im Leben von Rudolf Steiner – Die wesentlichen Stationen

In meinem eigangs erwähnten Buch wird dargestellt, wie die «Kosmische Geometrie» erstmals auf Grund der Ereignisse der biblischen Geschichte gefunden werden konnte. Dass aber auch andere Geschehnisse der Geistesgeschichte einen solchen Plan erkennen lassen, zeigen Lebensläufe von bedeutenden Persönlichkeiten. Der Lebensgang von Rudolf Steiner ist dafür ein hervorragendes Beispiel.

Die verborgene Geometrie offenbart sich durch die Standorte der wesentlichen Ereignisse bzw. Wirkstätten seines Lebens. Wir betrachten daher zunächst einmal die räumlichen Verhältnisse zwischen den Hauptstationen des Lebensganges von Rudolf Steiner. Er wurde in Kraljevec, im Grenzgebiet von Österreich – Ungarn – Kroatien am 27. Februar 1861 geboren und lebte später vor allem in Wien, Weimar, Berlin und Dornach. Hier starb er am 30. März 1925, wie bei seiner Geburt in einem Dreiländereck.

Ein erster Hinweis auf die besagte «Ordnung nach Mass und Zahl» kann in der direkten Distanz zwischen zwei oder mehreren Ereignissen, die miteinander (im geistigen Sinne) in Verbindung stehen, gefunden werden. In deren Massen zeigen sich in der Regel Symbolzahlen, wie sie oben erwähnt sind.

Bei der Berechnung dieser Strecken (mit sphärischer Trigonometrie), bedienen wir uns der oben erwähnten Masseinheit KE (3,144 m). Nach den bisherigen Erkenntnissen sind, auf diesem Mass basierend, auch grösseren Einheiten feststellbar. Ein nächstgrösseres Mass misst 111 x KE = 349 m. Die bedeutendste Einheit ergibt sich aus der Multiplikation der Kosmischen Einheit KE mit der Zahl 888 = 2792 m. Sie wird hier «Sakrale Einheit», SE genannt. In den grössten Massen manifestiert sich schliesslich noch eine Einheit, die 12 SE entspricht und mit «Universale Einheit», UE, bezeichnet wird. (ca. 33.5 km).

Es mag an dieser Stelle interessant sein zu wissen, dass nach der alten Zahlensymbolik die 111 als «Zahl der Ausdehnung» und die Zahl 8 anderseits als «Zahl des Heils» verehrt wurden. Damit erhält die Masszahl 888 die tiefgründige Bedeutung von «Ausdehnung- bzw. Ausbreitung des Heils»!

Die Zahl 888 findet sich in den Massen der Kosmischen Geometrie in zweifacher Hinsicht: Einmal wie beschrieben, als Vergrösserungsfaktor der Kosmischen Masseinheit KE zu SE. Anderseits können grössere Längen- und Flächemasse, die mit diesen Kosmischen Masseinheiten gemessen werden, wiederum ganzen Vielfachen der Zahl 888 entsprechen.

Die errechnete direkte Distanz von Kraljevec über Wien, Weimar, Berlin bis Dornach misst ca. 1595 km oder 571,5 Sakrale Einheiten. Siehe **Abbildung 1**. Wird nun dieser «Lebens-Weg» zur Lebenszeit Rudolf Steiners in Beziehung gesetzt, ergibt sich annähernd die Zahl 9, denn 571,5 SE : 64,1 Jahre = 8,92. Im diesem Raum-Zeit-Verhältnis offenbart sich mit der 9 jene Zahl, die im Leben Rudolf Steiners – wie wir im Folgenden noch sehen werden – eine besondere Stellung eingenommen hat. Ein Distanzmass, oder auch ein Flächenmass entspricht in der Regel einem Idealwert, der mehr oder weniger genau erreicht wird. Diese Idealzahl lässt sich daran erkennen, dass sie im Einklang steht mit den vorherrschenden, oben erwähnten Zahlen. In diesem Sinne kann auch das Distanzmass von 571,5 SE interpretiert werden, dessen Idealzahl 567 oder 7×9^2 beträgt.

Wird Dornach durch eine Gerade mit Wien verbunden, ergibt sich zusammen mit Weimar ein gleichschenkliges Dreieck, wie aus **Abbildung 1** ersichtlich wird. Die Strecke Wien – Weimar und Weimar – Dornach sind ungefähr gleich lang.

Wir wollen nun die einzelnen Stationen und deren räumliche Beziehungen zueinander näher betrachten.

Der Geburtsort zwischen zwei Flüssen

Kraljevec liegt auf der geographischen Länge von 16° 39', Dornach auf 7° 37' 18". Die Differenz beträgt annähernd 9°. Die Distanz zwischen Kraljevec und Dornach misst 696,4 km.

Diese Strecke ist im Erdradius ungefähr 9-mal enthalten! 6371 km : 696,4 km = 9,15.

Der Ort, wo Rudolf Steiner geboren wurde, liegt heute in Kroatien. Seit 1861 hat sich auch hier einiges verändert, so sieht man kaum mehr Bauernhäuser im Dorf. Doch die Bahn fährt noch immer hier vorbei und auch der Bahnhof steht noch da, in dem Rudolf Stei-

Kraljevec. Auf der Rückseite dieses Hauses stand das Geburtshaus von Rudolf Steiner.

ners Vater tätig war. Die junge Familie Steiner wohnte damals nicht im Bahnhofsgebäude. Das Haus, in dem Rudolf Steiner geboren wurde, steht heute nicht mehr. Es befand sich rund 400 m östlich vom kleinen Bahnhof. Nach dem Bahnübergang folgt nach ca. 100 m eine Strassengabelung. Zwischen beiden Strassen steht ein altes, unbewohntes Haus in schlechtem Zustand. Unmittelbar daneben muss nach meinen Ermittlungen vor Ort das Geburtshaus gestanden haben.

Wenn man die geographische Karte der Gegend betrachtet, fällt auf, dass Kraljevec ziemlich genau in der Mitte zwischen zwei Flüssen liegt. Im Süden fliesst die Drau, hier Drava genannt, im Norden die Mur (Mura), die sich dann weiter östlich mit der Drava vereinigt. Die Distanz vom Geburtshaus zu beiden Flüssen beträgt je ca. 6 km. Wie **Abbildung 2** zeigt, macht ein rechtwinklig und gleichschenkliges

Der Bahnhof von Kraljevec. Arbeitsort von Rudolf Steiners Vater.

Dreieck auf diese spezielle Lage aufmerksam. Der Umfang von diesem beträgt ungefähr 6561 KE oder 9^4 KE. Ausserdem wird das Dreieck begrenzt durch ein nach Nord orientiertes Rechteck mit einem Seitenverhältnis von 1 : 1,5, einer verbreiteten Figur der Kosmischen Geometrie. Auf einen möglichen Einwand, dass Flüsse ihren Lauf ändern können im Laufe der Zeit, kann nur geantwortet werden, dass diese Geometrie real existiert. Zudem findet sich eine entsprechende Situation auch am Todesort von Rudolf Steiner, wie wir noch sehen werden.

Die Jugendzeit – von Kraljevec bis Wien

Rudolf Steiners Vater war Angestellter bei der österreichischen Südbahn. Er wurde im Laufe der Jahre immer wieder an andere Arbeitsorte versetzt. Dies hatte zur Folge, dass die Familie und somit auch Rudolf Steiner während seiner Kindheits- und Jugendjahren an verschiedenen Orten wohnhaft war.

Umgebung von Pottschach.

Schon anderthalb Jahre nach seiner Geburt musste von Kraljevec nach Mödling bei Wien umgezogen werden. Ein halbes Jahr später nach Pottschach. Hier blieb die Familie bis zu Rudolf Steiners achtem Lebensjahr. Er besuchte in Pottschach erstmals die Volksschule. Dann erfolgte ein weiterer Umzug nach Neudörfel. Von hier konnte er später auch die Oberrealschule im ungefähr 5 km entfernten Wiener Neustadt täglich besuchen.

Der nächste Schritt bringt den Betrachter des Lebensweges nun nach Wien. Denn nach Abschluss der Oberrealschule wurde entschieden, dass Rudolf Steiner an der Technischen Hochschule in Wien Naturwissenschaft studieren solle. Damit er weiterhin bei der Familie wohnen konnte, liess sich sein Vater in die Nähe von Wien versetzen. So konnte Rudolf Steiner vom neuen Wohnort Inzersdorf, einem Vorort von Wien, täglich die Hochschule besuchen. In seine Studienzeit fiel noch ein weiterer Wohnungswechsel der Familie nach Brunn am Gebirg, ebenfalls nahe Wiens gelegen. Auch von hier war es ihm möglich, täglich zur Hochschule zu fahren, solange, bis er dann, nebenbei als Privatlehrer tätig, die Möglichkeit bekam, in Wien selbst wohnen zu können.

Bahnhof von Pottschach. Wohnort von Rudolf Steiner zwischen dem 2. und 8. Lebensjahr.

Wir wollen nun diesen Lebensabschnitt Rudolf Steiners zwischen Kraljevec und Wien hinsichtlich einer dahinter verborgenen Geometrie untersuchen und betrachten diese Stationen vorerst in Bezug auf die Ausdehnung des Gebietes, in dem sie sich befinden. Die Erfahrung lässt bald erkennen, dass diese Standorte durch eine charakteristische geometrische Figur bestimmt sind:

Kraljevec ist von allen Wohnorten der südlichste und zugleich östlichste Punkt. Pottschach liegt am westlichsten und Wien am weitesten im Norden. Entscheidend ist nun, dass der Nord-Süd-Abstand Wien – Kraljevec 4-mal grösser ist als der Ost-West-Abstand Kraljevec – Pottschach. Das bedeutet, dass der geographischen Anordnung dieser Stationen vier in der Nord-Süd-Richtung aneinandergereihte Quadrate zu Grunde liegen (Vierfachquadrat)! Eine solche Figur überzeugt aber nur, wenn nebst deren Ausrichtung auch Masszahlen

Der Bahnhof von Neudörfel war Rudolf Steiners Wohnort vom 8. bis zum 18. Lebensjahr.

Die Dorfstrasse von Neudörfel.

erkennbar werden, die im Einklang stehen mit den sonst beobachtbaren Symbolzahlen.

Die Seitenlänge eines dieser Quadrate lässt sich berechnen aus der Differenz der geographischen Länge zwischen Kraljevec und Pottschach. Diese beträgt ca. 39 Minuten oder ca. 50 000 m auf der geographischen Breite von Kraljevec. Das sind 17,9 Sakrale Einheiten. Es darf angenommen werden, dass das Idealmass 18 SE beträgt. D.h. das Gebiet zwischen Kraljevec und Wien bzw. Kraljevec und Pottschach wird von einem vierfachen Quadrat mit 72 SE Länge und 18 SE Breite umgrenzt. Wenn der Geburtsort mit der Südostecke dieser nach Nord orientierten Figur identisch ist, durchquert die Nordseite theoretisch den südlichen Teil von Wien. Siehe **Abbildung 3**

Nun verfolgen wir an Hand von **Abbildung 4** den eigentlichen Weg von Ort zu Ort. Um die relevanten Masse dieses «Weges», auf

Die Realschule von Wiener-Neustadt. Rudolf Steiner besuchte die Realschule von 1872 bis 1879.

den es hier ankommt, bestimmen zu können, sind die einzelnen Stationen nach deren Bedeutung für das Leben und für die Entwicklung von Rudolf Steiner zu berücksichtigen. Ausgehend vom Geburtsort Kraljevec folgen wir dem Weg über Mödling nach Pottschach (erster Schulbesuch). Dann werden wir nach Neudörfel geführt (Volksschule) und später nach Wiener Neustadt (Oberrealschule). Schliesslich erfolgt der Schritt über Inzersdorf nach Wien an die Technische Hochschule. Weil die Familie Steiner während seiner Studienzeit nochmals, von Inzersdorf nach Brunn am Gebirg umzog, ergibt sich um genau zu sein noch ein Zusatzweg Inzersdorf – Brunn – Wien, TH.

Die Jugendjahre umfassen somit total 9 Stationen. Die Berechnung der Distanzen zwischen diesen Stationen ergibt ein über-

Wiener-Neustadt. Der Hauptplatz.

raschendes Bild. Wie leicht festgestellt werden kann, liegt diesen Massen eine Einheit von 17 SE zu Grunde! Die kleineren beiden Strecken entsprechen der Hälfte von 17 bzw. einem Neuntel davon.

		Einheit 17 SE
Kraljevec – Mödling	69,0 SE	4 x
Mödling – Pottschach	17,0 SE	1 x
Pottschach – Neudörfel	8,5 SE	$^1/_2$ x
Neudörfel – Wiener Neustadt	1,9 SE	$^1/_9$ x
Wiener Neustadt – Inzersforf – Wien, TH	16,9 SE	1 x
	113,3 SE	
Inzersdorf – Brunn – Wien, TH	6,8 SE	
total	120,1 SE	

Dieser so bemessene Weg von total 120,1 SE entspricht angenähert 7 x 17 SE. Folgen wir dem Lebensweg weiter, wie er oben schon beschrieben wurde, von Wien über Weimar, Berlin bis Dornach, ergeben sich insgesamt 12 Stationen. Und die gesamte Distanz, welche die Jugendzeit, im Sinne wie das eben gemacht wurde, berücksichtigt (ohne den Zusatzweg Inzerdorf – Brunn – Wien), misst ca. 612 SE oder 36 x 17 SE.

Kraljevec – Wien		113,3 SE
Wien – Weimar		170,3 SE
Weimar – Berlin		79 SE
Berlin – Dornach		248,5 SE
	total	611,1 SE

Wien, Technische Hochschule.

Wien

Wie erwähnt wohnte Rudolf Steiner während seines Studiums vorerst in Inzersdorf, einem Vorort Wiens, bei seinen Eltern. Später, als diese ihren Wohnort nach Brunn am Gebirg verlegten, besuchte er von hier täglich die Hochschule. Vom 10. Juli 1884 bis 28. September 1890 wohnte er bei einer Familie Specht an der Kolingasse 19 in Wien. Hier wirkte er als Erzieher der vier Söhne der Familie. Nach dieser Zeit verliess Rudolf Steiner Wien und übersiedelte nach Weimar.

Es sind somit nur zwei Stationen, die in Wien in Betracht fallen: Die Technische Hochschule und das Wohnhaus an der Kolingasse 19. Deren Lage ist immerhin bemerkenswert, denn beide Standorte befinden sich auf demselben Meridian. D.h. der Bezugspunkt des Gebäudes, in dem Rudolf Steiner studiert hat, liegt genau südlich vom Haus an der Kolingasse. Soweit dies aus dem Stadtplan entnommen werden kann, misst diese Distanz 567 KE. Das sind 7 x 9^2.

Weimar. Das Goethearchiv, der Arbeitsort von Rudolf Steiner in den Jahren 1890 – 1897.

Das «Lebens-Quadrat»

Wir wenden uns nun der Geometrie der drei wesentlichsten Stationen in Rudolf Steiners Leben zu. Von den oben als den fünf wichtigsten genannten Stationen im Leben Rudolf Steiners, Kraljevec, Wien, Weimar, Berlin und Dornach, ist der Geburtsort Kraljevec wiederum der südlichste und zugleich östlichste Standort. Berlin liegt am weitesten im Norden und mit Dornach haben wir den westlichsten Punkt. Werden diese Positionen genauer untersucht, zeigt sich, dass die N-S-Koordinatendistanz Kraljevec – Berlin ungefähr gleich gross ist, wie die O-W-Distanz zwischen Kraljevec und Dornach, d. h. ca 246 SE! Diese geographische Konstellation deutet darauf hin, dass die drei Standorte durch ein nach Nord orientiertes Quadrat bestimmt sind. Wir haben damit dieselbe Situation, wie das beispielsweise bei biblischen Ereignissen vielfach festgestellt werden kann. Im alten Ägypten wurde das Quadrat als Symbol für «das Allerheiligste» verehrt, das Doppelquadrat als Symbol für «Heiligtum».

Charakteristisch für geometrische Figuren wie dieses Quadrat, welches die geographische Lage von zusammengehörigen Ereignisstätten (Heiligtümer) bestimmt, sind Symbol-Zahlen, die in den Seitenlängen, der Diagonalen und/oder in dessen Fläche zum Ausdruck kommen können.

Die Masse dieses Quadrates sind durch die Lage der drei Bezugspunkte gegeben. Bei Kraljevec haben wir das Geburtshaus. In Berlin gibt es verschiedene Adressen, die mit Rudolf Steiners Leben und Wirken in Verbindung gebracht werden müssen. Als Bezugspunkt erscheint die ehemalige Bibliothek der Theosophischen Gesellschaft an der Strasse Alt Moabit 97 prädestiniert, denn hier hat Rudolf Steiner erstmals über Anthroposophie gesprochen. In Dornach wird dieser Ausgangspunkt, wie noch gezeigt werden kann, durch den Standort des Goetheanums repräsentiert. Siehe **Abbildung 5**.

Daraus ergibt sich nun theoretisch, ermittelt aus den geographischen Längen- und Breitengraden, eine Ost-West-Distanz zwischen Kraljevec und Dornach von ca. 246,2 SE und eine Nord-Süd-Distanz Kraljevec – Berlin von 245,3 SE. Wir gehen daher von einer ungefähren Seitenlänge von 246 SE aus. Der Geburtsort in Kraljevec ist also identisch mit der Südostecke des Quadrates. Die Kraftzonen der Süd- und Ostseite treffen hier aufeinander. Die Nordseite des Quadrates bestimmt den Standort Strasse Alt Moabit 97 in Berlin und die Westseite das Goethanum in Dornach. Das Quadrat wird gebildet durch 7 KE breite Kraftzonen.

Was vermag uns dessen Seitenlänge von 246 SE zu sagen? Die Zahl 246 liegt zwar nahe der bedeutsamen Symbolzahl 243 (9 x 27), doch wird mit der erhaltenen Länge die Fläche des Quadrates berechnet, ergeben sich 60 516 SE^2, was 9 x 12 x 17 x 33 entspricht. D.h. in diesem Flächenmass sind jene vier Zahlen enthalten, denen wir beim Ergründen der göttlichen Geometrie immer wieder begegnen, die allgegenwärtig sind. Dabei muss offen bleiben, ob die Zahlenkombination (9 x 17 = 153) x (12 x 33 = 396) die hier richtige ist. Die Fläche dieses Quadrates ist zudem 1080 Mal (12 x 90) im Mass der Erdoberfläche enthalten!

Ein besonderes Dreieck: Kraljevec – Berlin – Dornach

Werden diese drei bedeutendsten Stationen im Leben von Rudolf Steiner nun noch durch Gerade direkt miteinander verbunden, erhalten wir ein Dreieck mit überraschend ähnlichen Seitenmassen. Zwar ergibt sich keine wirkliche Gleichseitigkeit, aber die Strecke Kraljevec – Dornach mit 249,5 SE und Dornach – Berlin mit 248,4 SE sind sich so nahe, dass von einem gleichschenkligen Dreieck gesprochen werden kann. Dessen Umfang misst ca. 757,5 SE. Die Zahl 756 entspricht 12 x 7 x 9.

Beachtenswert sind auch die Winkelmasse. Im Winkel von Dornach haben wir mit 63° eine Neunerzahl. In allen drei Massen zeigt sich aber auch noch eine Winkel-Masseinheit die in der Kosmischen Geometrie festgestellt werden kann. Sie beträgt 4,5° und entspricht dem 80. Teil von 360°. **Abbildung 5**

Es sind gleichschenklige (nicht gleichseitige) Dreiecke, die immer wieder bedeutsame Ereignisse bzw. deren Standorte miteinander verbinden. Schon in Abbildung 1 konnte festgestellt werden, wie Dornach, Wien und Weimar durch eine solche Figur in Beziehung treten.

In der Lage von Berlin und Dornach kommt zudem ein weiteres Element der verborgenen Geometrie zum Ausdruck. Die beiden Punkte bilden zusammen mit der Nordwestecke des Quadrates ein rechtwinkliges Dreieck mit einem Seitenverhältnis von 3 : 4 : 5.

Mit den ermittelten Koordinaten der drei Standorte Kraljevec, Berlin und Dornach lässt sich auch der geographische Mittelpunkt dieses Gebietes bestimmen. Er liegt ca. 75 km östlich von Nürnberg, beim Weiler Obersteinbach. Dieses Zentrum wird sich in einem anderen Zusammenhang noch als bedeutungsvoll erweisen!

Berlin
Wir wollen Rudolf Steiners Berliner-Zeit noch etwas näher betrachten. Dabei interessieren wiederum die einzelnen Standorte seines Wirkens.

Im Herbst des Jahres 1900 hat er hier erstmals esoterische Vorträge gehalten. Er tat dies auf Einladung des Grafen Brockdorf, in der Bibliothek der Theosophischen Gesellschaft, an der Strasse Alt Moabit 97.

Ein halbes Jahr später wurde die Bibliothek und damit auch der Versammlungsraum an die Kaiser-Friedrich-Strasse 54a verlegt.

Ab Ende 1903 konnte dann der Wohnsitz von Rudolf Steiner an der Motzstrasse 17 auch als Zentrum der Bewegung benützt werden.

Dass diese drei Adressen als die wirklich wesentlichen betrachtet werden können, vermag die **Abbildung 6** zu zeigen.

Vorerst fällt auf, das sich die Motzstrasse 17 ziemlich genau südlich der Bibliothek an der Strasse Alt Moabit 97 befindet. In dem die drei Bezugspunkte zu einem Dreieck vereinigt werden, erkennen wir, dass es sich annähernd um ein gleichschenkliges Dreieck handelt. Die beiden Distanzen Motzstrasse – Alt Moabitstrasse und Motzstrasse – Kaiser-Friedrich-Strasse sind ungefähr gleich lang. In den Masszahlen können wiederum Vielfache der 9 beobachtet werden.

Wie beim vergleichbaren Dreieck Kraljevec – Berlin – Dornach, das wir bereits kennen, werden diese drei Punkte durch ein nach den vier Himmelsrichtungen orientiertes Quadrat bestimmt. Der N-S-Abstand Alt Moabitstrasse – Motzstrasse entspricht dem O-W-Abstand Alt Moabitstrasse – Kaiser-Friedrich-Strasse. Die

Seitenlänge des Quadrates misst 972 KE oder 12 x 9^2 und der Umfang 144 x 27 KE. Einmal mehr bestätigt sich hier die Beobachtung, dass in Massen, die «ein Ganzes umgrenzen» die Zwölfzahl erscheint.

Das «Vortrags-Quadrat»

Rudolf Steiner hat vor allem im letzten Drittel seines Lebens eine immense Vortragstätigkeit entfaltet. In insgesamt 93 Städten oder Ortschaften innerhalb Europas sprach er über Anthroposophie (wovon Autorenreferate, Nachschriften oder Notizen vorliegen). Im Sinne der verborgenen Kosmischen Geometrie kann dieses Gebiet nun wieder geographisch so eingegrenzt werden, dass von diesen Städten die nördlichste, südlichste, westlichste und östlichste gesucht wird: Am weitesten im Norden liegt Bergen in Norwegen. Der südlichste Punkt ist mit Palermo gegeben, der westlichste Vortragsort heisst Penmaenmawr in England und der östlichste Helsinki.

Die Nord-Süd-Ausdehnung dieses Gebietes verblüfft, denn die Koodinatendistanz zwischen Bergen und Palermo misst ca. 886,2 SE und liegt damit so nahe an der Idealzahl 888, dass mit gutem Grund diese als die gewollte Masszahl betrachtet werden kann. In der Ost-West-Richtung entspricht die Distanz, errechnet aus der Längengraddifferenz zwischen Penmaenmawr und Helsinki ca. 907 SE, auf dem Längengrad von Palermo. Wir haben damit ein ähnliches Mass wie die Nord-Süd-Distanz! Dies legt dem Betrachter nahe, dieses Gebiet, das die 93 Vortragsorte umfasst, als durch ein Quadrat bestimmt anzunehmen. Ein Quadrat mit einer Seitenlänge von 888 SE, das wiederum nach den vier Himmelsrichtungen orientiert erscheint. **Abbildung 7** zeigt auch das darin eingeschlossene «Lebens-Quadrat».

Die Differenz zwischen den errechneten 886.2 SE und 888 SE entspricht ca. 5 km, eine Abweichung, die sich durchaus ergeben kann, weil hier vorerst nur mit den Längen- und Breitengraden von den vier Orten gerechnet wird, wie sie z.B. im «Times»-Atlas zu finden sind (auf Bogenminuten genau!). Die eigentlichen Vortragsorte innerhalb dieser Städte können von diesen Werten noch um einiges abweichen.

Ohne die näheren Umstände zu kennen, mag es sonderbar erscheinen, dass Rudolf Steiner auch ein Mal in Palermo gesprochen hat. Angesichts der hier sichtbar werdenden göttlichen Geometrie, wird gerade an diesem Beispiel offenbar, dass er damit eine Aufgabe erfüllt hat, die ihm schicksalshaft vorgegeben war!

In der Ost-West-Richtung liegt das Quadrat symmetrisch zur mittleren geographischen Länge zwischen Penmaenmawr und Helsinki. Dadurch befinden sich beide Orte nicht auf, sondern innerhalb der entsprechenden Quadratseite. Die Quadratfläche misst 788 544 SE^2. Sie ist damit ziemlich genau 13-mal grösser als die Fläche des oben errechneten kleineren Quadrates. Man kann in diesem Verhältnis von 13 : 1 einen Hinweis oder eine Bestätigung sehen, dass das «Vortrags-Gebiet» tatsächlich von einem Quadrat mit 888 SE Seitenlänge umgeben wird. (Eine Nachprüfung an Ort konnte infolge der grossen Entfernung bisher nicht geschehen.)

Ein bedeutsames Zentrum

Wir bilden von diesem Vortragsgebiet, ermittelt aus den Koordinaten der vier Standorte, nun noch dessen geographisches Zentrum und stellen fest, dass dieser Mittelpunkt ungefähr mit der Stadt Ansbach identisch ist, rund 40 km westlich von Nürnberg. Die geographische Karte lässt erkennen, dass dieser Punkt ebenfalls im Bereich der nördlichen Breite liegt, auf der sich das Zentrum des kleineren Quadrates in ca. 115 km östlicher Entfernung befindet. Bemerkenswert erscheint aber vor allem das Zusammentreffen des Zentrums al-

Ansbach.

ler Vortragsorte mit Ansbach. Mit demjenigen Ort, wo Kaspar Hauser die letzten Jahres seines kurzen und tragischen Lebens zugebracht hat, und wo er 1833 nach einem Mordanschlag gestorben ist.

Die «Ordnung nach Mass und Zahl», welche sich in den Lebensstationen von Rudolf Steiner offenbart, führt uns somit auf geheimnisvolle Weise zu Kaspar Hauser, jener «grossen Seele» (nach Persönlichkeiten, die ihn sehr gut gekannt haben), dessen Schicksal damals ganz Europa bewegt hat und z.T. heute noch bewegt. Beim Studium der Kaspar Hauser-Literatur kann man aber auf Hinweise stossen, die ein solches Zusammentreffen nicht als Zufall erscheinen lässt. In seinem Buch «Kaspar Hauser» macht P. Tradowsky auf eine bestehende geistige Beziehung zwischen Rudolf Steiner und Kaspar Hauser aufmerksam.

Über die Kosmische Geometrie im Leben von Kaspar Hauser und einer erstaunlichen Verbindung zu derjenigen von Rudolf Steiner, wird in einer separaten Studie berichtet.

Das Gebiet in dem Rudolf Steiner gelebt und gelehrt hat, wird also durch zwei verschiedene Quadrate begrenzt, wie dies **Abbildung 7** zeigt. Das grössere umfasst alle Orte, wo er seine insgesamt rund 6 000 Vorträge gehalten hat. Das darin eingeschlossene kleinere Quadrat bestimmt die drei Hauptstationen seines Lebens: den Geburtsort Kraljevec, Berlin, wo sein anthroposophisches Wirkens seinen Anfang nahm und Dornach, wo das Goetheanum als Zentrum der Bewegung geschaffen und die Anthroposphische Gesellschaft neu begründet wird, und wo Rudolf Steiner 1925 gestorben ist. Die Zentren der beiden Quadrate liegen nahe dem 50. Grad nördlicher Breite. Das bedeutet, sie weichen von der Erdachse (Nordpol) ungefähr 40° ab. Dies entspricht dem 9. Teil von 360°!

In **Abbildung 8** wird wiederum das (kleinere) «Lebens-Quadrat» dargestellt, eingezeichnet mit dem gleichschenkligen Dreieck Kraljevec – Berlin – Dornach und dessen geographischem Zentrum. Zudem auch das Zentrum des «Vortrags-Quadrates» (Ansbach). Beachtenswert sind die Masszahlen, die sich aus der Gesamtlänge aller Linien ergeben, welche diese Figur bilden. Wenn wir vorerst den Umfang von Quadrat und Dreieck plus die drei Strecken zum Zentrum des «Lebens-Quadrates» messen, ergibt sich eine totale Länge von ca. 2183 SE. Dies entspricht annähernd der Idealzahl von 2187 oder 27×9^2. Anderseits beträgt die Länge aller 14 Linien, aus der diese Figur besteht (unter Einbezug auch der drei Strecken zum Zentrum des «Vortrags-Quadrates»), ca. 2 676 SE. Die naheliegende Idealzahl von 2 673 bedeutet 33×9^2! Die Kombination der beiden Zahlen 27 und 33, in Zusammenhang mit einem bestimmten Geschehen, kann immer wieder beobachtet werden. Während die 33 als Christuszahl allgemein bekannt ist, lässt sich aus der Literatur über Zahlensymbolik, nicht ohne weiteres eine Aussage zur 27 machen.

Eine weitere interessante Frage stellt sich in der räumlichen Beziehung der 93 Vortragsorte zum Quadratzentrum. Was zeigt sich allenfalls in deren Distanzmassen zum Zentrum? Aus der Berechnung einer Anzahl von Strecken zu Vortragsorten der näheren und weiteren Umgebung ergibt sich, dass diese sich offenbar auf das Zentrum des kleinen Quadrates, des «Lebens-Quadrates» beziehen, und nicht wie eigentlich erwartet werden könnte, auf das Zentrum des «Vortrags-Quadrates». Denn die Masszahlen zum Zentrum des kleinen Quadrates erweisen sich als Vielfache der 9, während dies zum anderen Zentrum hin nicht der Fall ist. Die Distanzmasse werden also durch eine übergeordnete Einheit von 9 SE bestimmt.

	gerechnet		Sakr. Einh.	Vielf. v. 9
Zentrum «Lebens-Quadrat» – Berlin	346,0 km	=	124 SE	126
Zentrum «Lebens-Quadrat» – Weimar	175,4 km	=	62,8 SE	63
Zentrum «Lebens-Quadrat» – Hamburg	476,0 km	=	170,5 SE	171
Zentrum «Lebens-Quadrat» – Kassel	275,3 km	=	98,6 SE	99
Zentrum «Lebens-Quadrat» – Köln	402,6 km	=	144,2 SE	144
Zentrum «Lebens-Quadrat» – Heidelberg	248,3 km	=	89 SE	90
Zentrum «Lebens-Quadrat» – Karlsruhe	276,4 km	=	99 SE	99
Zentrum «Lebens-Quadrat» – Stuttgart	227,0 km	=	81,3 SE	81
Zentrum «Lebens-Quadrat» – Freiburg	353,5 km	=	126,6 SE	126
Zentrum «Lebens-Quadrat» – Nürnberg	76,0 km	=	27,2 SE	27
Zentrum «Lebens-Quadrat» – Augsburg	154,7 km	=	55,4 SE	54
Zentrum «Lebens-Quadrat» – München	155,0 km	=	55,5 SE	54
Zentrum «Lebens-Quadrat» – Zürich	352,4 km	=	126,2 SE	126

Werden die Distanzen von allen 93 Standorten bestimmt, erhalten wir eine Totaldistanz von ca. 44 865 km oder 14 269 700 KE. Daraus ergibt sich ein mittlerer Wert für die 93 Distanzen von 482,4 km oder

153 437 Kosmische Einheiten. An dieser Zahl sind die ersten drei Ziffern bemerkenswert! 153 entspricht 9 x 17. Es erscheint kaum als zufällig, dass diese bedeutsame Zahl der christlichen Mystik hier im druchschnittlichen Distanzmass zu finden ist (ca. 153 000 KE). Aus den Evangelien kennen wir die Zahl im Zusammenhang mit dem Fang der 153 Fische durch die Jünger Jesu im See Gennesaret. Dass sie auch mit Rudolf Steiners Leben verbunden ist, zeigt ein anderes Beispiel: Rudolf Steiner wurde etwas mehr als 64 Jahre alt, er lebte 23 407 Tage. Das sind ziemlich genau 153 x 153 (23 409)!

Die in 153 enthaltene 17 wurde in der mittelalterlichen Zahlensymbolik u.a. als Verbindung der irdischen Zehn mit der himmlischen Sieben verehrt. Anderseits fällt es nicht leicht zu erkennen, wie die Neun im Zusammenhang mit diesen Ereignissen gedeutet werden will. Einen möglichen Gesichtspunkt vermögen vielleicht die Ausführungen von Ernst Bindel in seinem Buch «Die geistigen Grundlagen der Zahlen» zu geben. In Kapitel 28 beschreibt er, wie der Mensch eigentlich der Zahl Vier entspricht. Sein Abstieg von der geistigen Welt zur Erde stand im Zeichen der Neun. Er begab sich quasi von der Vier zur Neun. Der ursprünglich eingeschlechtliche Mensch teilte sich in ein männliches und ein weibliches Wesen. Die Neun entstand dann in der Vereinigung zweier polarer Vierheiten. Auch der Wiederaufstieg des Menschen in die geistige Welt steht unter dem Zeichen der Neun. In der Apokalypse wird in Kapitel 21 dargestellt, wie nach dem Vergehen des alten Himmels und der Erde ein neuer Himmel und eine neue Erde geschaffen werden. Als Symbol wird ein selbstleuchtender Würfel gezeigt, die neue Stadt Jerusalem. Diese Vierheit, zu der der Mensch zurückkehrt, bringt zwei Vierheiten zur Einheit: Der Grundfläche des Würfels steht polar gegenüber die Deckfläche. Beide werden durch den dazwischen liegenden Raum bzw. den ausgefüllten Raum miteinander vereinigt. Die Neun lässt sich aber auch unter dem Gesichtspunkt der potenzierten Drei, der Zahl der Trinität, betrachten. Soweit E. Bindel.

In der Gesamtdistanz dieser «93 Strahlen» von ca. 44 865 km ist wiederum ein bestimmtes Verhältnis zum Erdradius enthalten, nämlich annähernd 7 : 1.

Der Standort des Goetheanums im Lichte der Kosmischen Geometrie

Das Gralsgeschehen in der Ermitage

Rudolf Steiner hat durch seine geisteswissenschaftlichen Forschungen erkannt, dass sich das Parzifal-Epos von Wolfram von Eschenbach als historische Wirklichkeit u.a. in der Gegend von Arlesheim zugetragen hat. Er hat auch festgestellt, dass der Standort auf dem Dornacher Hügel mit diesen geistigen Strömungen in Verbindung steht und entschloss sich deshalb, das Goetheanum hier zu bauen.

Rudolf Steiner hat jene Szene, als Parzifal von der Gralsburg kommt und dabei auf die trauernde Sigune mit ihrem toten Freund trifft, bei der Ermitage hinter Arlesheim lokalisiert. In seinem Buch «Wolfram von Eschenbach und die Wirklichkeit des Grals» beschreibt Werner Greub, wie er, ausgehend von diesen Angaben Rudolf Steiners, auf Grund der genauen Ortsbeschreibungen Wolfram von Eschenbachs die Schauplätze der ganzen Handlung im Gebiet zwischen Südfrankreich und dem Elsass finden konnte. Das Entscheidende davon aber hat sich in der Gegend um Arlesheim ereignet. **Abbildung 9**

Die erstaunlichen Forschungsergebnisse von Werner Greub bildeten wiederum die Grundlage für mich, die Parzifalsgeschichte hinsichtlich einer möglichen Kosmischen Geometrie zu untersuchen. Diese Bemühungen brachten eine volle Bestätigung dessen, was W. Greub festgestellt hat! Die Ergebnisse dieser Untersuchungen werden in einer separaten Arbeit dargestellt.

Arlesheim. Die Ermitage.

Wesentlich für die Betrachtung der Standortverhältnisse auf dem Dornacher Hügel ist zu wissen, dass der grottenartige Eingang in die Ermitage von Arlesheim jener Ort ist, wo Parzifal das erste Mal auf Sigune traf. Diese beweint ihren toten Bräutigam Schionatulander, der eben getötet worden ist und den sie in ihren Armen hält. Hier befindet sich auch das eigentlichen Zentrum jener bedeutsamen Grals-Ereignisse, die sich um Arlesheim zugetragen haben! (Wolfram von Eschenbach benennt diesen Ort auch Marstall.) Genau 5 Kosmische Einheiten (ca. 16 m) südlich davon fand später die zweite Begegnung Parzifals mit Sigune statt. Parzifal kam eben von der Gralsburg geritten, wo er unglücklicherweise die erlösende Frage an Amfortas nicht gestellt hat und nun verwirrt auf Sigune trifft, die auf einem Lindenstamm sitzend ihren inzwischen einbalsamierten Freund vor sich hat und betrauert. Es ist dies jenes Zusammentreffen,

Der Eingang in die Ermitage von Arlesheim. Erster Begegnungsort zwischen Parzifal und Sigune.

auf das sich Rudolf Steiner bezieht. Diese beiden Begegnungen bzw. deren Standorte spielen für den Standort des Goethanums eine entscheidende Rolle, wie wir gleich sehen werden. **Abbildung 10** zeigt die geographisch/geometrische Lage der beiden Punkte bei der Ermitage.

Es stellte sich im Rahmen dieser Untersuchung die Frage, gibt es für den Entscheid von Rudolf Steiner, das Goetheanum gerade hier auf dem Dornacher Hügel zu bauen, eine Begründung, die allenfalls in der Kosmischen Geometrie verborgen liegt? Mit anderen Worten, sind seine Hinweise, dass mit diesem Ort geistesgeschichtliche Strömungen verbunden sind, geometrisch/mathematisch nachvollziehbar?

Ermitage von Arlesheim. Ort der zweiten Begegnung zwischen Parzifal und Sigune, gegenüber dem Felsentor.

Als geeigneter, repräsentativer Bezugspunkt für das Goetheanum bietet sich der Standort des Grundsteins an. Dieser wurde vom ersten Bau übernommen und liegt ca. 24,5 m von der Ostseite des heutigen Gebäudes in der Längsachse, wahrscheinlich ca. 3 m unter der Gebäudebasis. Auf Grund der ermittelten Koordinaten der beiden Begegnungsstätten von Parzifal mit Sigune in der Eremitage, und derjenigen des Grundsteines, ergibt sich eine erste bemerkenswerte Tatsache!

Die direkte Distanz zwischen dem Grundstein und dem Ort der zweiten Begegnung misst 243 KE. Diese Strecke wird also bestimmt von der bedeutsamen Zahl 243, die 27 x 9 bzw. 3 x 9^3 entspricht. Wir begegnen dieser Zahl im Sinne von 27 x 9 immer wieder. Doch in dieser räumlichen Beziehung ist noch weit mehr hineingeheimnisst! Diese Strecke bildet zudem die Diagonale eines exakt nach Nord orientierten Quadrates! **Abbildung 11** zeigt eine «klassische» Anordnung von zwei (geistig) zusammenghörigen Ereignissen durch die kosmischen Geometrie. Die Fläche dieses Quadrates, welches das Goetheanum mit dem Gralsgeschehen verbindet, misst 29524,5 KE^2. In diesem Zahlenwert liegt die höchst bedeutsame Zahlenverbindung von 33,248 x 888 verborgen! Denn genau 33,248 Jahre hat Jesus Christus gelebt! (Nach den Ermittlungen von E. Funk in «Zeit-

Blick vom Goetheanum nordwärts zur Ermitage von Arlesheim. Unterhalb von Schloss Birseck befinden sich die beiden Begegnungsstätten Parzifal – Signune.

geheimnisse im Christusleben».) Die dreifache Acht nimmt innerhalb der Kosmischen Geometrie eine Sonderstellung ein. Man kann sie, wie erwähnt, als Symbol für die «Ausbreitung des Heils» bezeichnen.

In den Abmessungen dieses Quadrates verbirgt sich noch eine weitere bemerkenswerte Beziehung. Das Mass der Diagonalen von 243 KE bzw. 764 m entspricht theoretisch genau der Höhe über Meer, auf welcher die Kreuzigung auf Golgatha stattgefunden hat! (Dies kommt in meinem oben erwähnten Buch ausführlich zur Darstellung.)

Nun fällt auf, dass der Grundstein mit der zweiten und nicht mit der ersten Begegnung Parzifal-Sigune in Verbindung steht. Das erscheint deshalb irritierend, weil der Ort der ersten Begegnung, wie das schon erwähnt wurde, zugleich das Zentrum des Gralsgeschehens um Arlesheim darstellt. Hier kreuzen sich nämlich zwei Diagonalen eines Quadrates, welches die Parzifal-Ereignisse dieser Gegend umfasst und das ebenfalls nach den vier Himmelsrichtungen orientiert erscheint. **Abbildung 12**

Diese Konstellation bringt es mit sich, dass die eine, die nordost-südwest verlaufende Diagonale, die Längsachse des Goetheanums ebenfalls kreuzt, und zwar exakt in der Mitte des Hauptgebäudes! Wir haben damit eine zweite geometrische Verbindung der Gralsereignisse mit dem Goetheanum. Und weil hier Geometrie waltet, misst die Distanz von diesem Kreuzungspunkt im Zentrum des Gebäudes zum Standort des Grundsteins 5 KE! Denn der Abstand zwischen den beiden Begegnungsstätten in der Eremitage beträgt ja ebenfalls 5 KE. In dem die zweite Begegnung Parzifal – Sigune genau südlich der ersten stattgefunden hat, überträgt sich die Distanz von 5 KE durch die beiden Quadrat-Diagonalen beim Goetheanum in die Ost-West-Richtung. **Abbildung 13**

Die beiden Parzifalsbegegnungen bzw. deren Standorte verwandeln sich quasi, um 90° gedreht, in die beiden Punkte, welche Lage und Richtung des Goetheanums bestimmen! Genau genommen nur die Lage, denn die Richtung wird letztlich durch die oben schon dargestellte Geometrie bestimmt, durch das Quadrat und das gleichschenklige Dreieck, das Kraljevec, Berlin und Dornach miteinander verbindet. **Abbildung 5**

Es war ja zu untersuchen, wo sich in Dornach die Ecke jenes Dreiecks und die Westseite des Quadrates treffen. Die Überprüfung hat nun ergeben, dass sowohl Ecke wie Quadratseite genau an diesem Punkt die Längsachse des Goetheanums kreuzen, wo dies die Diagonale des «Grals-Quadrates» tut, nämlich im Zentrum des Gebäudes! Beim zweiten Goetheanum liegt dieser Punkt unmittelbar westlich der Bühne vor dem Rednerpult. **Abbildung 14** Beim ersten

Blick von der Gegend der Ermitage hinüber zum Goetheanum.

Bau befand sich dieser ebenfalls im Zentrum, unmittelbar vor dem ansteigenden Zuschauerraum.

Man kann somit nachweisen, dass der Standort und die Richtung des Goetheanums eindeutig bestimmt sind durch die Kosmische Geometrie von Rudolf Steiners drei Haupt-Lebensstationen und derjenigen der beiden Parzifalsereignisse. Es ist anzunehmen, dass Rudolf Steiner bei seinen Forschungen in Arlesheim diesen Tatbestand erkannt und auf Grund dessen das Zentrum des Goetheanums wie auch den Standort des Grundsteins bestimmt hat. Für den Betrachter dieser Gegebenheiten mutet es nicht zuletzt wunderbar an, dass sich dieser so vielfältig durch Mass und Zahl bestimmte Standort, auch noch mitten auf dem Dornacher Hügel befindet!

Rudolf Steiners Sterbeort in seinem Atelier

Das Haus, in dem Rudolf Steiner in Dornach wohnte, steht am Unteren Zielweg 36, da wo sich heute die Albert Steffen-Stiftung befindet. Sein Atelier, wo u. a. an der Statue gearbeitet wurde, liegt südöstlich vom Goetheanum. Während den letzten Wochen seines Lebens liess Rudolf Steiner sein Krankenlager hierher verlegen, um besser mit den laufenden Arbeiten am zweiten Goetheanum verbunden zu sein. Sein Bett, in dem er dann am 30. März 1925 gestorben ist, stand 27 KE vom Grundstein entfernt! (Die Position kann dem Buch über Edith Maryon von Rex Raab entnommen werden.) Auch dieser Standort wird von einer geometrischen Figur beherrscht. Diese Strecke von 27 KE bildet die Diagonale eines nord-süd gerichteten Doppelquadrates. Jedes dieser Quadrate hat einen Flächeninhalt von 144 KE^2, zusammen also 288 KE^2 (32 x 9 oder 2 x 12^2).

Auf diese Weise hängt der Ort, wo Rudolf Steiner gestorben ist, mit dem Grundstein zusammen. **Abbildung 15** Der Sterbeort ist aber auch mit dem Zentrum des Goetheanums durch eine bemerkenswerte geometrische Figur verbunden: mit einem rechtwinkligen Dreieck, dessen beide Katheten in einem Verhältnis stehen von $1 : \sqrt{2}$. Dessen Umfang misst ca. 70 KE, seine Fläche 12 x 17 KE^2.

Verbindet man die drei Punkte Wohnung am Unteren Zielweg – Atelier (Todesort) – Standort des Grundsteins zu einem Dreieck, ergibt sich ein Umfang von 12 x 22 KE oder 8 x 33 KE und eine Fläche von ca. 720 KE^2.

Es muss hier nochmals betont werden, dass es sich bei dieser verborgenen Geometrie nicht um eine Konstruktion handelt, die nur gedanklich nachvollzogen werden kann. Die geometrischen Figuren, wie sie hier beschrieben werden, sind real aus aus mehreren Metern

Dornach. Das Atelier von Rudolf Steiner neben dem Goetheanum.

breiten Kraftzonen gebildet. Man muss sich also vorstellen: Solche Zonen verbinden in direkter Weise das Goetheanum einerseits mit dem Geburtsort Kraljevec und mit Berlin (Gleichschenkliges Dreieck!), anderseits mit den beiden Grals-Ereignissen (Quadrat-Diagonalen), aber auch mit dem Wohnort und dem Todesort.

Zur Vereinfachung werden die Kraftzonen der geometrischen Figuren nur durch Linien dargestellt. Am Beispiel der Westseite des Quadrates, das Kraljevec – Berlin – Dornach miteinander verbindet, wird in **Abbildung 14** die Breite dieser Zone ersichtlich.

Die Geometrie hat Rudolf Steiner sehr viel bedeutet. Angesichts seines wunderbar geometrisierten Lebens, wie es hier zum Ausdruck kommt, erscheint seine wiederholt geäusserte Liebe zur Geometrie in einem ganz besonderen Licht. In seinen Lebenserinnerungen be-

Dornach. Das Haus am unteren Zielweg, in dem Rudolf Steiner wohnte.

schreibt er, wie es für ihn ein wegweisendes Erlebnis war, als er an der Schule von Neudörfel als ganz junger Schüler ein Geometriebuch bei seinem Lehrer entdeckte. Wie er dann wochenlang sich fasziniert mit geometrischen Problemen auseinander gesetzt hat und schreibt dann wörtlich: «Ich weiss, dass ich an der Geometrie das Glück zuerst kennen gelernt habe.»

Der Todesort und die beiden Gewässer

Die beschriebene Lage des Geburtsortes Kraljevec zwischen den beiden Flüssen hat auch in Dornach zu einer entsprechenden Überprüfung inspiriert. Diese ergab folgendes Bild: Der Todesort von Rudolf Steiner in seinem Atelier liegt zur nächstgelegenen Mitte des Flüsschens Birs 297 KE entfernt. Das sind 33 x 9 KE! Anderseits misst die Distanz vom Atelier zum «Dorfbach», der an der Ermitage vorbeifliesst, 243 KE oder 27 x 9 KE. Beide Zahlenwerte sprechen für sich. Sie werden zudem gestützt durch den Umstand, dass die direkte Verbindung der beiden Punkte eine Diagonale bildet, eines in der Ost-West-Richtung orientierten Doppelquadrates, wie dies **Abbildung 16** anschaulich macht. Am Umfang dieses Dreiecks mit 1053 KE (13 x 9^2) erscheint erstaunlicherweise dieselbe Zahl wie in der Fläche des Doppelquadrates, nämlich 105 340 KE^2 (13 x 9^2 x 100)!

Es mag hier Skepsis aufkommen, dass ein Gewässer wie der «Dorfbach» als geometrischer Fixpunkt berücksichtigt wird. Doch handelt es sich bei diesem eben um einen besonderen Bach, ist er doch der Abfluss, aus dem in der Parzifalserzählung erwähnten «See Brumbane». An diesem fand die schicksalhafte Begegnung von Parzifal mit dem Gralskönig Amfortas statt. Zudem berichtet Wolfram von Eschenbach, dass der junge Parzifal, als er von seiner Mutter auszog, um ein Ritter zu werden, an einen Bach kam, den er in seiner kindlichen Einfalt vorerst nicht zu überschreiten wagte, weil ihn seine Mutter vor «schwarzen» (sie meinte tiefen) Gewässern gewarnt hatte. Höchstwahrscheinlich fürchtete er sich vor diesem Dorfbach. Auch kann davon ausgegangen werden, dass sich sowohl der Lauf des Dorfbaches als auch jener der Birs an den betreffenden beiden Stellen über einen langen Zeitraum kaum verändert hat. Die Standorte des Geschehens sind also nicht nur miteinander geometrisch verbunden, sie können dies offenbar auch mit der Natur sein.

Die Ordnung in den Höhenlagen der Ereignisse

Eine besondere Beachtung verdienen auch die Höhenverhältnisse der Ereignis-Standorte im Leben von Rudolf Steiner. Nach Erkenntnissen, die in meinem erwähnten Buch beschrieben sind, gehören zum inzwischen bekannten Kräftegitter horizontal verlaufende Kraftzonen. Diese erscheinen in regelmässigen Abständen von ca. 3,144 m übereinander angeordnet. Dieses Mass entspricht der oben eingeführten Kosmischen Masseinheit KE.

Die Untersuchungen an Sakralbauten, auf die schon hingewiesen wurde, haben u.a. zur Erkenntnis geführt, dass die Basis eines solchen Gebäudes in der Regel mit der Höhenlage einer horizontalen Kraftzone identisch ist. Die Baumeister haben die Besonderheit dieser Kräftestruktur in der Weise genutzt, dass der Bau wenn immer möglich auf eine solche «Kraftfläche» zu stehen kam. Aber auch die Haupthöhenmasse z.B. einer Kathedrale wurden durch horizontale Kraftzonen begrenzt. Deren offenbar unveränderliche Höhenlagen lassen sich an der Höhenlage von Sakralbauten relativ leicht erkennen und nachprüfen.

Diese Übereinstimmung der Höhenlagen von Sakralbauten mit horizontal verlaufenden Kraftzonen trifft aber ganz allgemein auch für Ereignisse zu, wie sie hier im Zentrum der Betrachtung stehen!

Das Goetheanum steht auf einer Höhe von rund 370 m ü. M. Diese Höhe entspricht ziemlich genau der Höhe einer horizontalen Kraftzone! Anderseits haben die beiden Parzifalbegegnungen in der Ermitage von Arlesheim auf einer Höhe von ca. 351 m ü. M. stattgefunden. Auch auf dieser Höhe liegt eine Horizontalzone (theoretisch 351,25 m ü. M)! D.h. das Goetheanum steht 6 Kraftzonen über diesen Begegnungsstätten.

Betrachten wir die Höhendifferenz zwischen den drei Haupt-Lebensstationen Kraljevec, Berlin und Dornach. Da sich diese Standorte in verschiedenen Ländern befinden, haben wir es mit Höhenangaben mit unterschiedlicher Ausgangsbasis zu tun. Es können sich dadurch kleinere Abweichungen ergeben.

Glücklicherweise aber beherrscht, wie wir inzwischen erfahren haben, die Zahl 9 weitgehend die Masse der ermittelten Geometrie der Standorte, und so lässt sich auf Grund dieser Beobachtung eindeutig erkennen, dass und in welcher Weise diese drei Stationen in ihrer Höhenlage zueinander geordnet stehen. Das Gelände beim Geburtsort Kraljevec ist ziemlich flach. Der Ort dürfte auf Grund der Angaben auf ca. 145 m ü. M. liegen. Der Bezugspunkt in Berlin befindet sich ebenfalls in einer flachen Gegend und misst ungefähr 33 m ü. M. Und wie oben festgestellt, befindet sich das Goetheanum auf einer Höhe von 370 m ü. M.

Ohne nun zu wissen, welche Bezugshöhe im Sinne der Kosmischen Geometrie an jedem Ort die exakt richtige ist, lässt sich schon in den Differenzen dieser ungefähren Höhenangaben eine 9er Ordnung klar erkennen:

Kraljevec – Berlin	Höhendifferenz von 112 m, entspricht	35,6 KE	Ideal = 36 (4 x 9)
Berlin – Dornach	Höhendifferenz von 337 m, entspricht	107,2 KE	Ideal = 108 (9 x 12)

Das heisst die Gesamthöhendifferenz im Lebensgang, Kraljevec – Berlin (36 KE) und Berlin – Dornach (108 KE), beträgt demnach total 144 Kosmische Einheiten. Anderseits liegt das Goetheanum 72 KE über dem Geburtsort. Auch in vertikaler Hinsicht waltet Zahlenweisheit!

Mass und Zahl des Goetheanums

Die Höhenmasse

Interessant ist es auch zu erfahren, ob Höhenmasse des ersten und zweiten Goetheanums nach diesen horizontalen Kraftzonen bestimmt worden sind. Die Basis von beiden Gebäuden ist dieselbe. Sie befindet sich auf einer Höhe von ca. 370 m ü. M. und ist, wie wir inzwischen wissen, mit einer horizontalen Kraftzone identisch. Das Gebäude steht somit auf einer solchen ca. 0,45 m hohen Zone. In Abständen von ca. 3,144 m darüber und darunter treffen wir auf weitere solche Zonen. Ausgehend von der Basis des Gebäudes lassen sich so dessen Höhenmasse mit der theoretischen Lage der Kraftzonen vergleichen.

In welchem Ausmass Rudolf Steiners Ideen beim heutigen Bau noch berücksichtigt werden konnten, ist nicht bekannt. Wie **Abbildung 17** veranschaulicht, ergibt sich folgendes Bild: Der kurze waagrechte Boden zwischen dem schräg ansteigenden Zuschauerraum und dem Bühnenraum liegt auf der Höhe einer horizontalen Kräftezone, und zwar auf der dritten über der Basis. Interessanterweise befindet sich hier der oben erwähnte Kreuzungspunkt der geometrischen «Linien» von Kräljevec, Berlin und der Ermitage, welcher in baulicher Hinsicht das Zentrum des Goetheanums markiert. Dieser Boden zwischen Zuschauerraum und Bühne hat auch in vertikaler Hinsicht Zentrumscharakter, denn er liegt 9 horizontale Kraftzonen bzw. KE über dem Zentrum des Gralsgeschehens in der Ermitage von Arlesheim, und 9 Zonen über diesem Boden befindet sich das Dach des Goetheanums! Die Gesamthöhe des zweiten Baus wird durch die zwölfte horizontale Zone über der Basis begrenzt. Oder anders gesagt, das Gebäude wurde zwischen 13 Horizontalzonen hineingebaut. Auch die Bühnenöffnung misst 4 Zonenabstände und noch weitere Hauptmasse sind mit der Höhe solcher Kraftzonen identisch, wie aus **Abbildung 17** hervorgeht.

Beim ersten Goetheanum lässt sich auf Grund der verfügbaren Unterlagen mit Sicherheit nur erkennen, dass wiederum der kurze waagrechte Boden zwischen Zuschauerraum und Bühne, von der Basis aus gesehen, auf der Höhe der nächsten Zone, also ca. 3,144 m höher lag. Anderseits wurde das Gebäude in seiner Gesamthöhe durch die 11. Zone über der Basis begrenzt.

Welche Masseinheit?

Dass in den Massen alter Kultstätten, wie Tempel, Pyramiden oder mittelalterlicher Kirchen, eine erstaunliche Zahlensymbolik verborgen liegt, hat die schon mehrfach erwähnte Auseinandersetzung mit den Abmessungen von Sakralbauten ergeben. So sind die Hauptabmessungen solcher Gebäude nach ganz bestimmten Zahlen konzipiert. Zahlen der christlichen Mystik bestimmen beispielsweise die Grösse der Räume von Kathedralen. Mit der wirklichen, einstmals verwendeten Masseinheit lassen sich diese Zahlen erkennen.

Ob Rudolf Steiner für den ersten und zweiten Goetheanumbau eine spezielle Masseinheit festgelegt hat, ist nicht bekannt. Auch steht nicht fest, ob dabei Zahlensymbolik zur Anwendung kam. Eine solche kann ohnehin nur erkannt werden, wenn man die Masseinheit kennt, mit der gebaut wurde. H. M. Aisenpreis, Sohn des bauleitenden Architekten, hat in einem Aufsatz von 1961 aufmerksam gemacht auf eine Masseinheit, die er die Bauelle nennt und die er durch eine geometrische Konstruktion aus dem Grundriss ermittelt hat. Er beziffert diese auf 0,6 m, eine «Handbreite» grösser als die «Heilige Elle» von 0,524 m. Mit dieser Einheit misst die Distanz von 21 m zwischen den beiden Raummittelpunkten im ersten Goetheanum 35 Einheiten. In einem früheren Beitrag von F. Husemann in der Wochenschrift «Das Goetheanum» wird gesagt, der erwähnte Zentrums-Abstand von 21 m entspreche 40 Heiligen Ellen zu 0,524 m. Werden die anderen Hauptmasse mit diesen beiden Masseinheiten gemessen, ergeben sich Masszahlen, die nicht ohne weiteres eine Zahlensymbolik erkennen lassen.

Bei meinen Bemühungen, die verschiedenen Elemente der Kosmischen Geometrie zu erfassen, bin ich auf eine (kosmisch bestimmte) Einheit gestossen, die dem 8. Teil der Masseinheit KE entspricht und ca. 0,393 m misst. Wenn die Masse des ersten Goetheanums damit gemessen werden, erhalten wir Masszahlen, die bemerkenswerterweise angenähert Vielfachen der Neun entsprechen. Zwar lassen sich mit den angegebenen Werten (bei R. Raab, «Baublätter I» und C. Kemper, «Der Bau») keine exakten Neunerzahlen erzielen. Da die Zahl 9 in der Geometrie des Lebensplanes von Rudolf Steiner jedoch eine so bedeutende Rolle spielt, erscheint diese Masseinheit für das Goetheanum nicht undenkbar; umsomehr als dem Autor nicht bekannt ist, wie genau die Massangaben vom ersten Goetheanum sind. Diese mögliche Einheit von 0,393 m wird im Folgenden mit E bezeichnet.

Erstes Goetheanum: Abbildung 18

			angenähert
Abstand der beiden Raumzentren	21,0 m	=	54,0 E
Durchmesser Bühnenraum	24,7 m	=	63,0 E
Durchmesser Zuschauerraum	34,0 m	=	86,5 E
Durchmesser Bühnenraum, Lichte Weite	17,5 m	=	45,0 E
Durchmesser Zuschauerraum, Lichte Weite	24,7 m	=	63,0 E
Max. innere Höhe	28,0 m	=	72,0 E

Auch die Höhenmasse der Säulen weisen auf diese Einheit hin, was die grösste und kleinste Säule vom Zuschauerraum veranschaulichen:

Kleinste Säule	10,68 m	=	27,0 E
Grösste Säule	14,21 m	=	36,0 E
Differenz	3,53 m	=	9,0 E

Während bei alten Sakralbauten Flächen- und Volumenmasse durch die Zahl 888 bestimmt werden, scheinen die Hauptmasse des ersten Goetheanums konsequent nach der Zahl 9 ausgerichtet zu sein. Die beiden kreisrunden Räume durchdringen sich. Werden die Grundflächen voll gerechnet, ergeben sich zusammen 1386,5 m^2. Mit der Einheit 0,393 m erhalten wir 8975 E^2, also rund 9000 E^2.

Die effektive, um die Durchdringung verminderte Fläche misst ca. 1265 m^2 oder ca. 8190 E^2. Das sind angenähert 9 x 9 x 100. Nimmt man die Flächen nur innerhalb der Säulen, also die sogenannte «Lichte Weite» der Säulenkreise, ergeben sich ca. 700 m^2 oder 4500 E^2 (5 x 9 x 100).

Das Volumen wird mit ca. 65 000 m^3 angegeben. In Einheiten zu 0,393 m sind dies 1070790 E^3 oder 12 x 9 x 10000 = 1080000.

Zweites Goetheanum: Abbildung 14

Interessant sind hier die Masse der beiden Grundflächen von Bühnen- und Zuschauerraum, denn mit dem Meter gemessen ergeben sich bereits Vielfache der Zahl 9! Der trapezförmige Zuschauerraum misst 900 m^2, der rechteckige Bühnenraum 450 m^2.

Mit der Einheit 0,393 m wird die Fläche vom Zuschauerraum 5827 E^2, das sind 8 x 9^3. Diejenige vom Bühnenraum 2913 E^2, was 4 x 9 x 9 x 9 entspricht. Wir haben somit eine totale Fläche von 8740 E^2 oder 12 x 9^3 E^2.

Das Volumen beträgt ca. 110000 m^3. Das sind 1812108 E^3 oder 12 x 153 x 1000 (111450 m^3).

In der Gesamtfläche und im Volumenmass erscheint, ganz im Sinne der bisherigen Beobachtungen, die Zwölfzahl!

Die Grabstätte von Sigune und Schionatulander

Der Standort des Goetheanums steht geometrisch in einem bemerkenswerten Zusammenhang mit dem Gralsgeschehen, das sich in der Ermitage von Arlesheim zugetragen hat. Dabei spielt jene Szene eine bedeutende Rolle, bei der Parzifal der trauernden Sigune begegnet, die ihren toten Freund in ihren Armen hält.

Im Folgenden soll nun noch von einem Ergebnis dieser Untersuchungen berichtet werden, das eng mit dem Schicksal von Sigune und Schionatulander verbunden ist, (wozu aber die Parzifal-Erzählung selbst keine Hinweise gibt).

Wolfram von Eschenbach erzählt, dass Sigune nach dem Tod ihres Freundes fortan in einer Klause lebte, zusammen mit ihrem toten Bräutigam. Dieser lag einbalsamiert in einem Steinsarg, der in ihrer Klause stand. W. Greub hat den Standort dieser Behausung an jener Stelle in der Ermitage von Arlesheim lokalisiert, wo heute das kleine hölzerne «Haus des Eremiten» über dem «Felsentor» steht.

Später wird geschildert, wie Parzifal, am Tag nachdem er zum Gralskönig berufen wurde, mit seiner Frau Condwiramurs und seinem Sohn Lohenangrin zur Gralsburg ritt und sich dabei an Sigune erinnert. Sie suchen gemeinsam deren Klause auf und finden Sigune tot. Parzifal lässt den Deckel des Sarges von Schionatulander abheben und Sigune wird neben ihren unverwesten Freund gelegt. Das Grab wird wieder verschlossen und man verlässt den Ort.

Bei einem meiner Besuche dieser tragischen Stätte kam mir die Frage, wo sich dieser Steinsarg bzw. das Grab der beiden früh Verstorbenen – vielleicht heute noch – befinden könnte. Obwohl die Erzählung darüber nichts berichtet, muss doch davon ausgegangen werden, dass der Sarg schon bald an einen würdigeren Ort gebracht wurde. Der Gedanke diesen zu suchen, lag nahe. Mit der «mentalen Peilung» bot sich eine mir vertraute Methode an, mit der dieser Versuch möglich war. Nun gibt es allerdings keinerlei Anhaltspunkte, wohin man diesen Sarg einstmals von hier weggebracht haben könnte. Am wahrscheinlichsten schien noch das Elsass als definitive Grabstätte in Frage zu kommen. Denn Spuren des Gralsgeschlechts führen ins Elsass, worauf W. Greub hinweist. Sigune war eine Nichte des Gralskönigs Amfortas.

Doch das Suchen nach dem unbekannten Standort erwies sich als wesentlich einfacher als angenommen, denn es endete im Dorfkern von Arlesheim. Hier auf dem neugestalteten Platz der Tramhaltestelle, wurde mir angezeigt, befindet sich die Stelle, wo Sigune und Schionatulander ihre letzte Ruhestätte gefunden haben! Nun steht dieses Ergebnis ohne sonstigen konkreten Hinweis auf wackeligen Füssen, solange nicht erwiesen ist, ob dieser Punkt auch erfasst wird durch die Kosmische Geometrie. Er müsste eigentlich nach Mass und Zahl im Einklang stehen zu den anderen Ereignissen, denn auch eine solche Grabstätte kann kein zufälliger, unbestimmter Ort sein.

In der Darstellung von **Abbildung 19** wird deutlich, dass dies in bemerkenswerter Weise der Fall ist. Der gefundene Standort im Zentrum von Arlesheim liegt gleich weit entfernt von der Ermitage, wie das Goetheanum! Genauer, die Grabstätte von Sigune und Schionatulander befindet sich 764 m oder 243 KE von jener Stelle entfernt, wo Parzifal das zweite Mal Sigune begegnet. Exakt soviel misst die Distanz vom Grundstein des Goetheanums zu dieser Begegnungs-

Arlesheim. Tramhaltestelle im Zentrum. Der Ort, wo die Grabstätte von Sigunde und Schionatulander lokalisiert werden konnte, befindet sich im Hintergrund, ungefähr da, wo das Fahrzeug auf der Schiene steht.

stätte, wie das schon in **Abbildung 11** zum Ausdruck gekommen ist. Auf die besondere Bedeutung dieses Masses als auch der Zahl 243 wurde schon hingewiesen.

Die Distanz zwischen dem Grundstein des Goetheanums und der neu gefundenen Grabstätte misst ca. 313 KE. Die drei Standorte werden also durch ein gleichschenkliges Dreieck bestimmt. Dessen Umfang misst ca. 799 KE. Diese Zahl entspricht, berücksichtigt man die bisherigen Erkenntnisse, 24 x 33,29 KE. Wir begegnen damit wiederum der wirklichen Lebenszahl von Jesus Christus. Sie konnte oben im Goetheanum-Quadrat als Flächenzahl ermittelt werden. Weil mit diesem Dreieck zwei Persönlichkeiten verbunden sind, lässt sich vermuten, dass der Umfang dieses tief bedeutsamen Dreiecks als 2 x 12 x 33,249 zu deuten ist. Das Flächenmass entspricht annähernd der Fläche des Quadrates, welches das Goetheanum mit dem Gralsgeschehen verbindet. Siehe **Abbildung 11**.

Das Goetheanum steht an einem ganz besonderen Ort. Dieser wird durch eine grossartige Geometrie verbunden, sowohl mit den wesentlichen Lebensstationen von Rudolf Steiner als auch mit dem Gralsgeschehen. Es besteht von hier aber auch eine Verbindung zu einer anderen bedeutenden Persönlichkeit der anthroposophischen Bewegung bzw. zu deren Standort ihres Wirkens, zu Ita Wegmann!

Als Ärztin arbeitete Ita Wegmann eng mit Rudolf Steiner während seinen letzten Lebensjahren zusammen. Dabei wurden die Grundlagen für ein anthroposophisch erweitertes Heilwesen geschaffen. Ita Wegmann gründete 1921 die heute nach ihr benannte Klinik in Arlesheim. Sie war Mitglied des Vorstandes der Anthroposophischen Gesellschaft und leitete die Medizinische Sektion an der Freien Hochschule für Geisteswissenschaft. Das Haus, in dem sie lebte, und das nach Plänen von Rudolf Steiner erbaut wurde, steht noch heute neben der Klinik am Stollenrain.

Wird nun dieser Wohnort von Ita Wegmann in Beziehung gebracht zu den drei Standorten von **Abbildung 19**, also zum Goetheanum, zur Ermitage und zur neu gefundenen Grabstätte, lässt uns die Geometrie, welche damit sichtbar wird, etwas ahnen von der Bedeutung dieser Frau! Wie **Abbildung 20** veranschaulicht, entspricht die O-W-Distanz zwischen dem Bezugspunkt in der Ermitage und dem Wohnort von Ita Wegamnn genau der N-S-Distanz zwischen dem neu ge-

Arlesheim. Wohnhaus von Ita Wegmann neben der Klinik.

fundenen Grab und dem Goetheanum. Das aber bedeutet, die vier Standorte werden durch ein nach den vier Himmelsrichtungen orientiertes Quadrat bestimmt. Die Masszahlen fügen sich harmonisch ein in das Bild, das sich bisher ergeben hat. Vor allem die Distanz von Ita Wegmanns Haus zum Goetheanum verblüfft, denn sie misst 297 KE oder 33 x 9 KE! Geheimnisvoll erscheint diese Zahl auch hier wieder vereint mit der 27 x 9, der Distanz Goetheanum – Ermitage. Die Fläche dieses Quadrates misst 12 x 9^2 x 100 KE^2.

Zwei Stätten der Gralsereignisse stehen hier in Verbindung mit zwei Standorten der anthroposophischen Bewegung. Wenn wir über die

Distanzen dieser Verbindungen Aussagen erhalten wollen, können wir wie folgt vorgehen:

Wir betrachten vorerst das Dreieck Goetheanum – Haus Ita Wegmann – Grabstätte, wie dies **Abbildung 21** zeigt. Sein Umfang beträgt 734 KE was angenähert 9^3 KE entspricht!

Das Dreieck Goetheanum – Haus Ita Wegmann – Ermitage hat anderseits einen Umfang von 864 KE. Das sind 8 x 12 x 9 KE. **Abbildung 22**

Pazifal – Kaspar Hauser – Rudolf Steiner

Ein besonderes Element der Kosmischen Geometrie, das bisher nur einmal in Erscheinung trat (bei der Position von Berlin und Dornach innerhalb des «Lebens-Quadrates»), ist das rechtwinklige Dreieck mit dem Seitenverhältnis von 3 : 4 : 5. Dieses stand schon bei den alten Ägyptern und auch bei Pythagoras als «Heiliges Dreieck» in hohen Ehren. Mit dieser Figur sind in der Regel zwei Ereignisse so miteinander verbunden, dass deren Verbindungslinie der längsten Seite (Hypothenuse) entspricht. Ein solches Dreieck ist immer in N-S- bzw. O-W-Richtung orientiert.

Zwei interessante Beispiele sollen dies verdeutlichen. W. Greub, der die Schauplätze der Parzifal-Erzählung lokalisiert hat, identifizierte Kanvoleis, den Geburtsort von Parzifal mit Colmar im Elsass. Nicht allzuweit davon entfernt befindet sich eine andere bedeutungsvolle Geburtsstätte, diejenige von Kaspar Hauser in Karlsruhe. Wie **Abbildung 23** veranschaulicht, werden diese beiden Standorte durch ein pythagoreisches Dreieck mit einem Seitenverhältnis von 3 : 4 : 5 bestimmt.

In meiner Studie über die «Kosmische Geometrie im Lebensgang Kaspar Hausers» wird Schloss Beuggen bei Rheinfelden als ein in einer gewissen Beziehung wesentlicher Aufenthaltsort von Kaspar Hauser erkannt. Diesen Standort verbindet wiederum ein solches Dreieck mit dem Goetheanum in Dornach, genauer mit dem Sterbeort von Rudolf Steiner. **Abbildung 24**

Abbildung 1

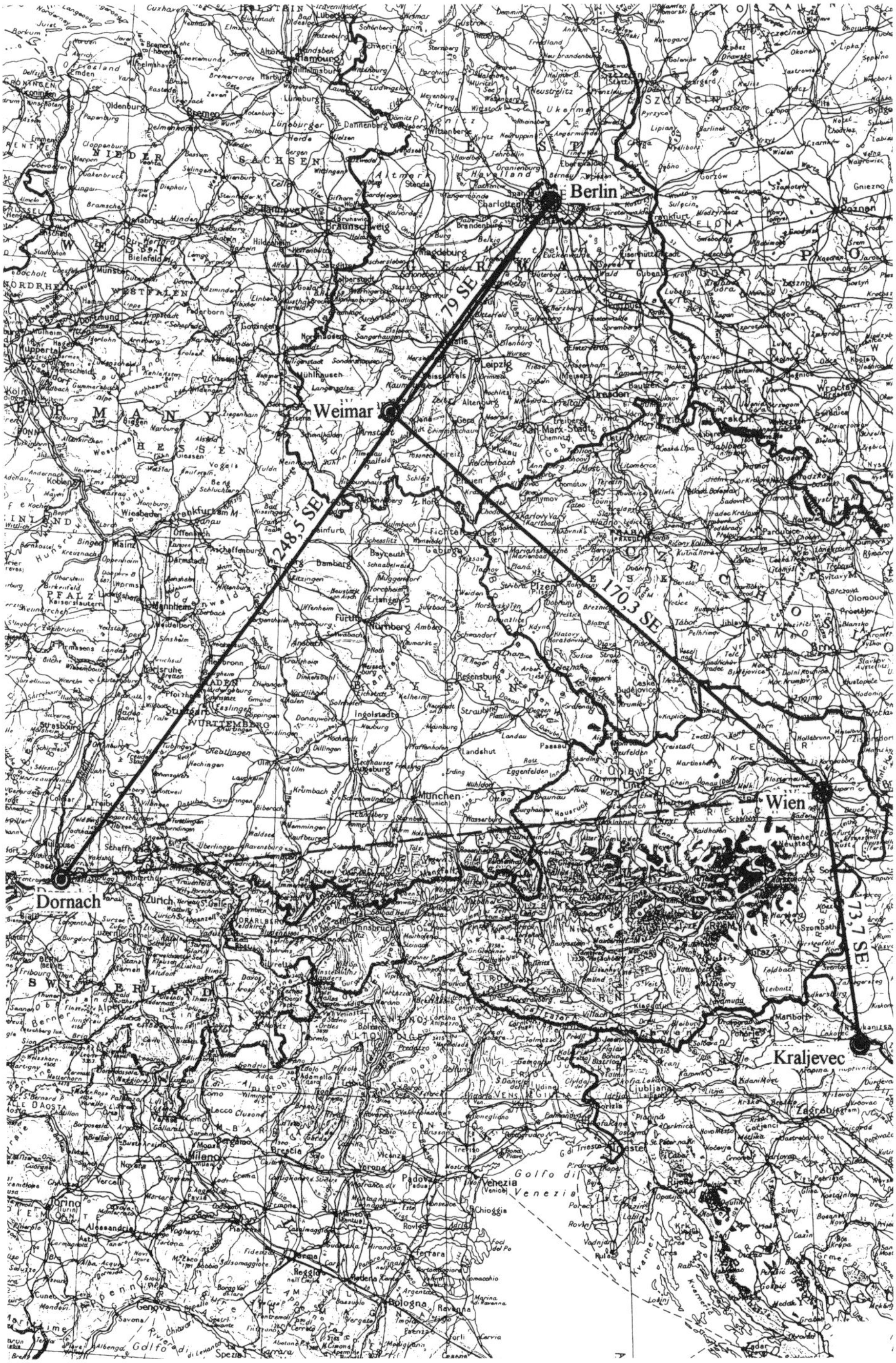
Berlin
79 SE
Weimar
248,5 SE
170,3 SE
Wien
73,7 SE
Dornach
Kraljevec

Abbildung 2

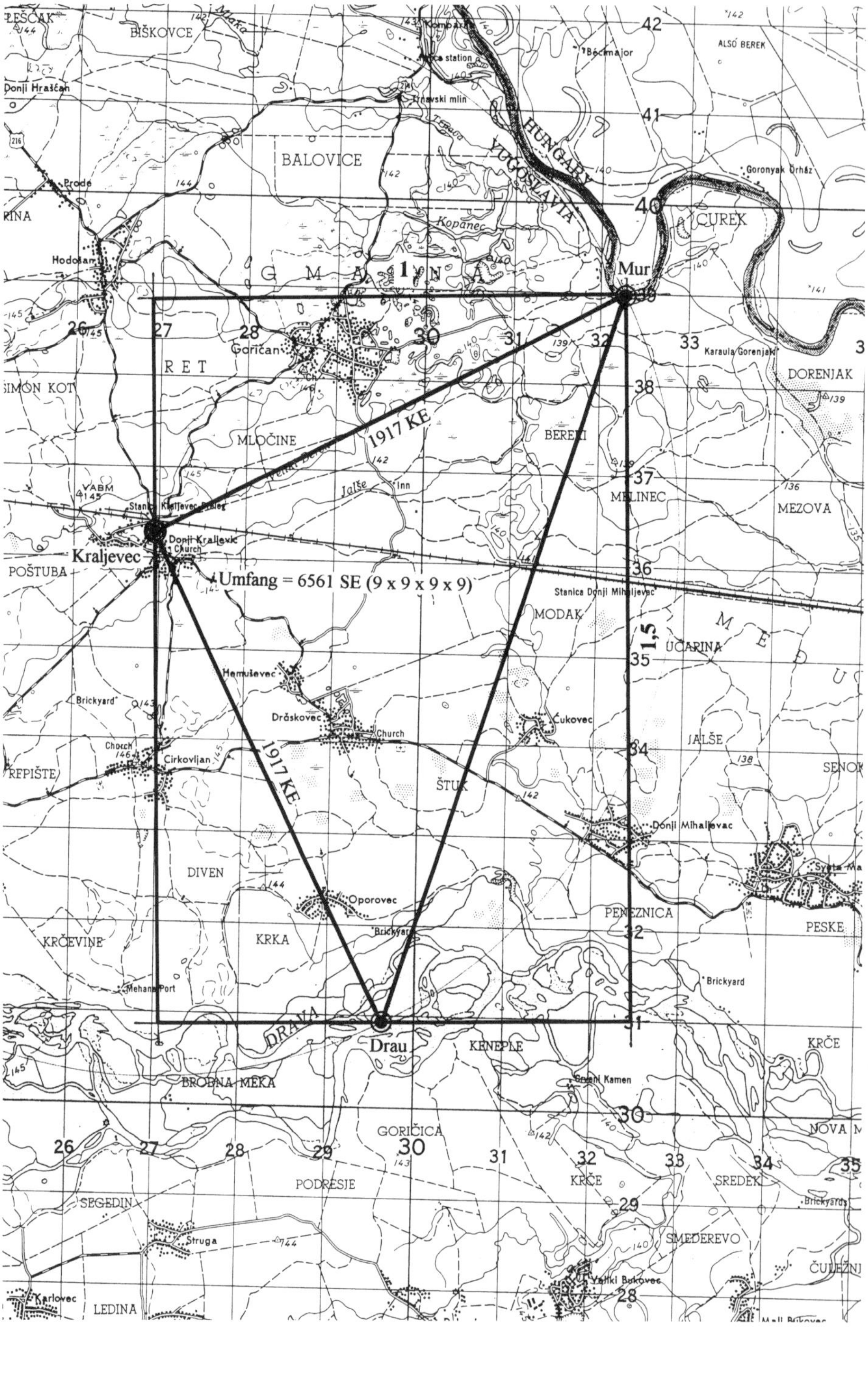
Kraljevec
Mur
Drau
1917 KE
1917 KE
Umfang = 6561 SE (9 x 9 x 9 x 9)
1,5
1
BIŠKOVCE
BALOVICE
HUNGARY
YUGOSLAVIA
CUREK
Goričan
MLOČINE
BEREKI
MELINEC
MEZOVA
DORENJAK
POŠTUBA
MODAK
UČARINA
Hemuševec
Draškovec
Čukovec
Cirkovljan
JALŠE
ŠTUK
Donji Mihaljevac
DIVEN
Oporovec
KRKA
KRČEVINE
PENEZNICA
PESKE
KENEPLE
BRODNA MEKA
GORIČICA
PODRESJE
SEGEDIN
Struga
SMEDEREVO
Veliki Bukovec
Karlovec
LEDINA
DRAVA
Donji Kraljevec
Church
Brickyard
Inn
Hodošan
Prodo
Donji Hraščan
Bečmajor
ALSÓ BEREK
Goronyak Urház
Karaula Gorenjak
SIMON KOT
REPIŠTE
Mehana Port
Kopanec
Trnavski mlin
Stanica Donji Mihaljevac
SREDEK
KRČE
NOVA
ČULEŽNI
SENOK
Sveta Ma

Abbildung 3

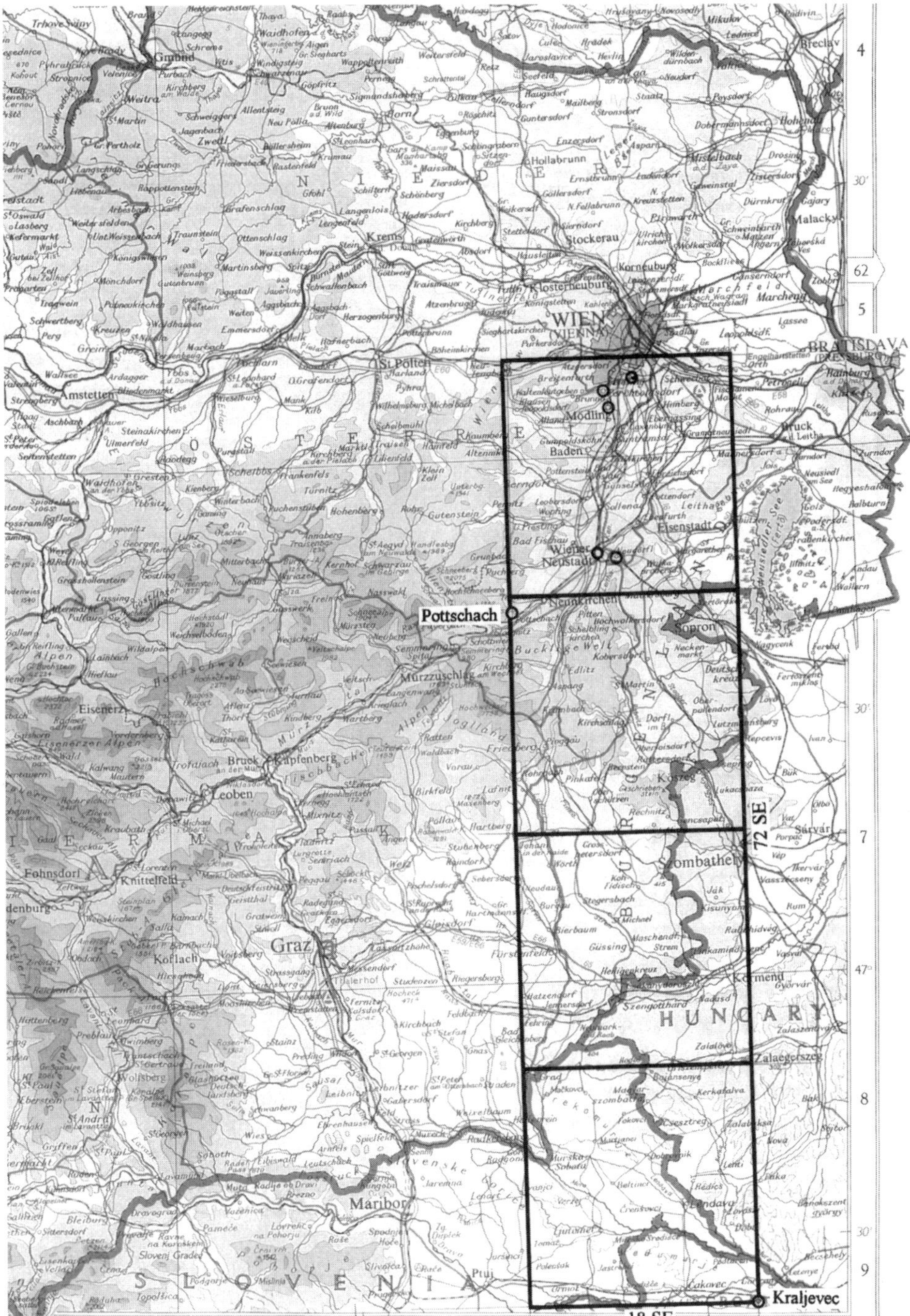

Pottschach
Kraljevec
72 SE
18 SE
WIEN
(VIENNA)
BRATISLAVA
(PRESSBURG)
Graz
Maribor
Sopron
Szombathely
Eisenstadt
Wiener Neustadt
Mödling
Baden
Neunkirchen
St.Pölten
Krems
Amstetten
Leoben
Bruck
Kapfenberg
Mürzzuschlag
Knittelfeld
Fohnsdorf
Köflach
Eisenerz
Zwettl
Gmünd
Stockerau
Korneuburg
Klosterneuburg
Mistelbach
Malacky
Marchegg
Kőszeg
Körmend
Zalaegerszeg
Lendava
Čakovec
Ptuj
Szentgotthárd
HUNGARY
S L O V E N I A
Břeclav
Neusiedl am See
4
5
62
7
8
9
47°
48°
30'
L
15
M
81
N
16
C
P

Abbildung 4

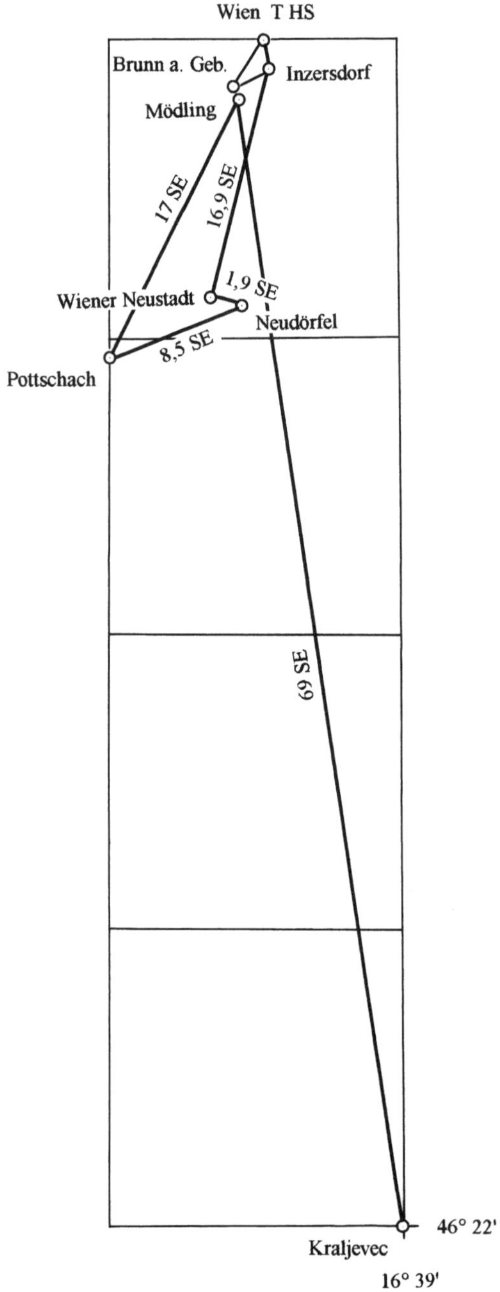

Rudolf Steiners Weg von Kraljevec bis Wien

Abbildung 5

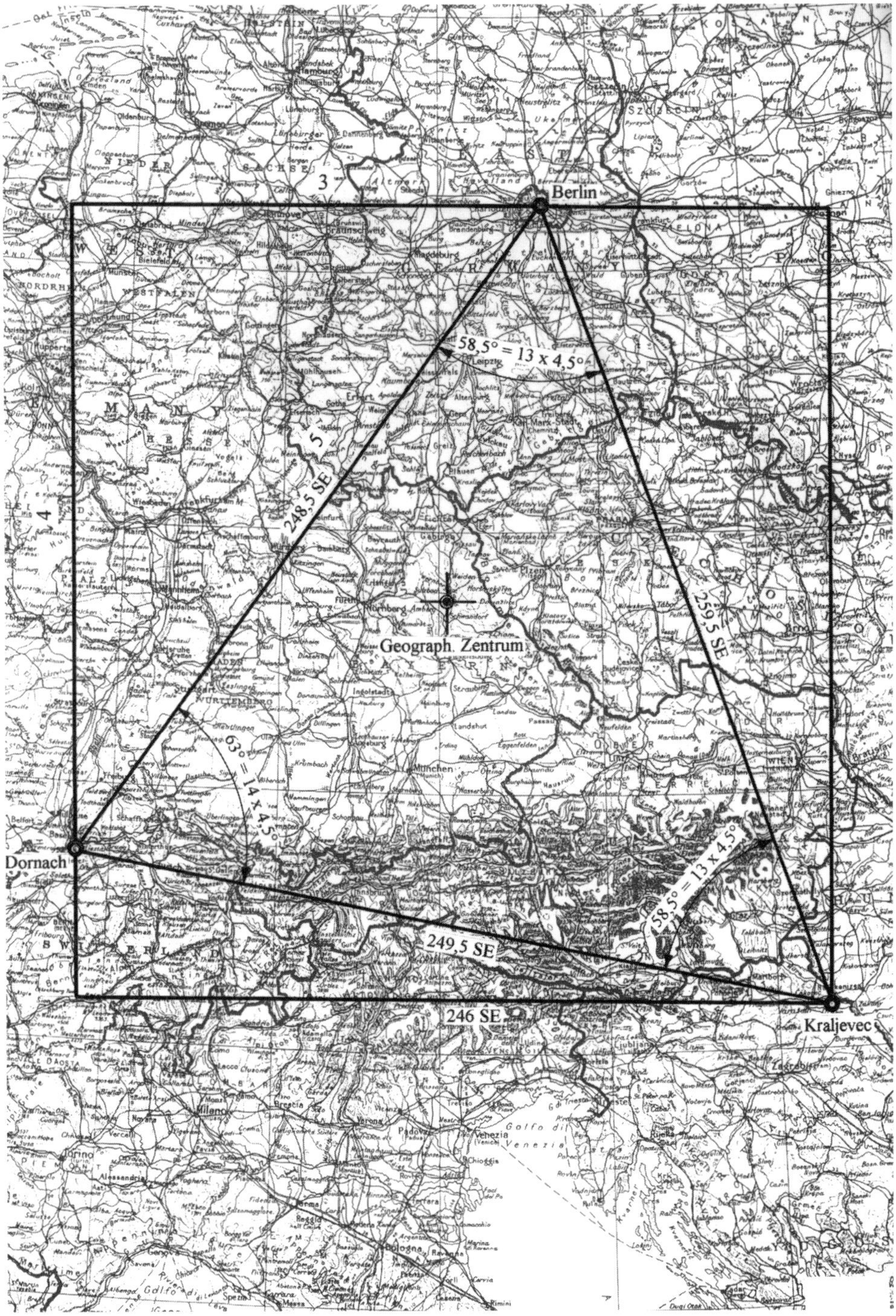
Berlin
58,5° = 13 x 4,5°
248,5 SE
259,5 SE
Geograph. Zentrum
63° = 14 x 4,5°
Dornach
58,5° = 13 x 4,5°
249,5 SE
246 SE
Kraljevec

Abbildung 6

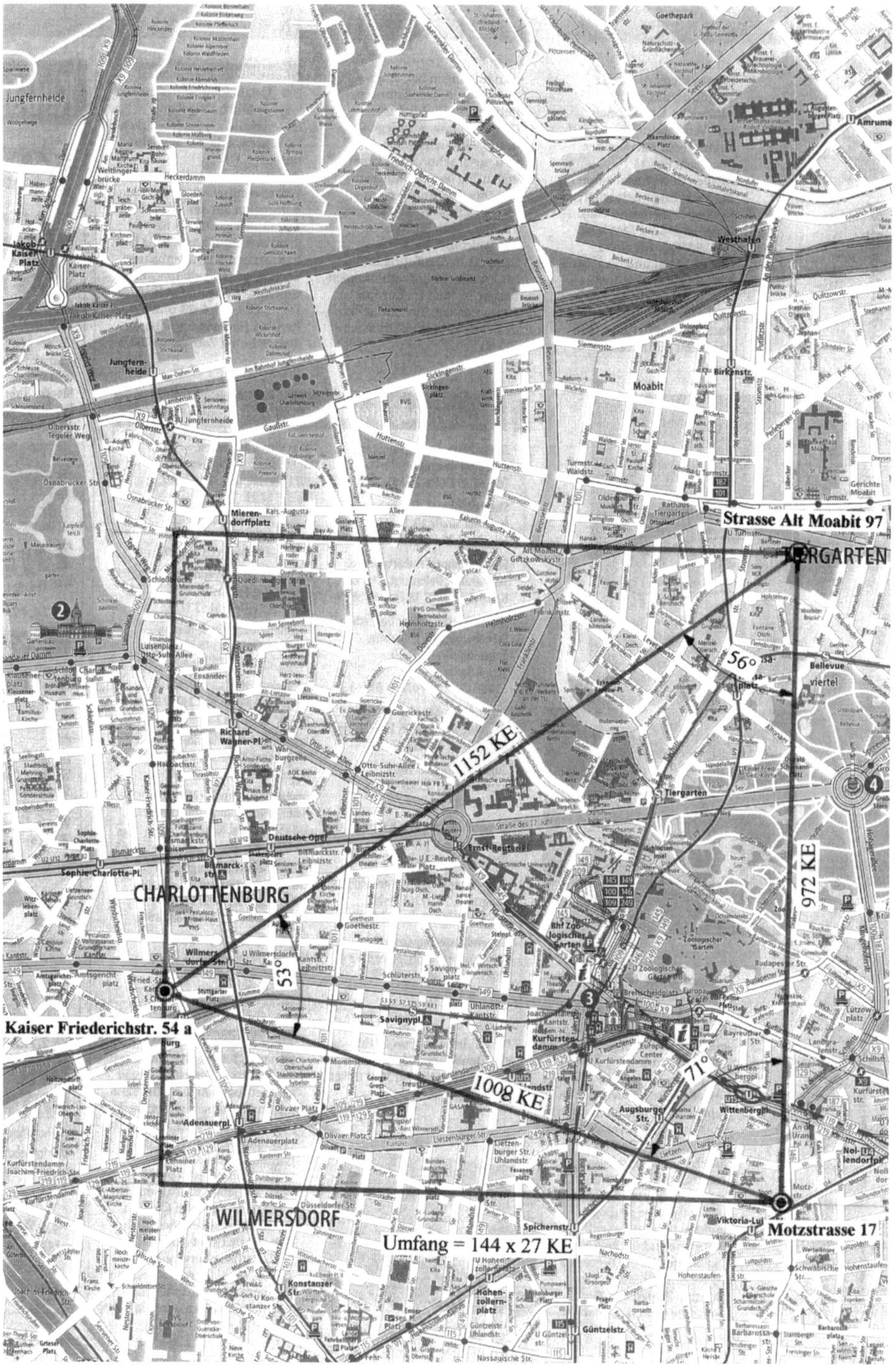
Strasse Alt Moabit 97
1152 KE
56°
53°
972 KE
Kaiser Friederichstr. 54 a
1008 KE
71°
Motzstrasse 17
Umfang = 144 x 27 KE
CHARLOTTENBURG
WILMERSDORF

Abbildung 7

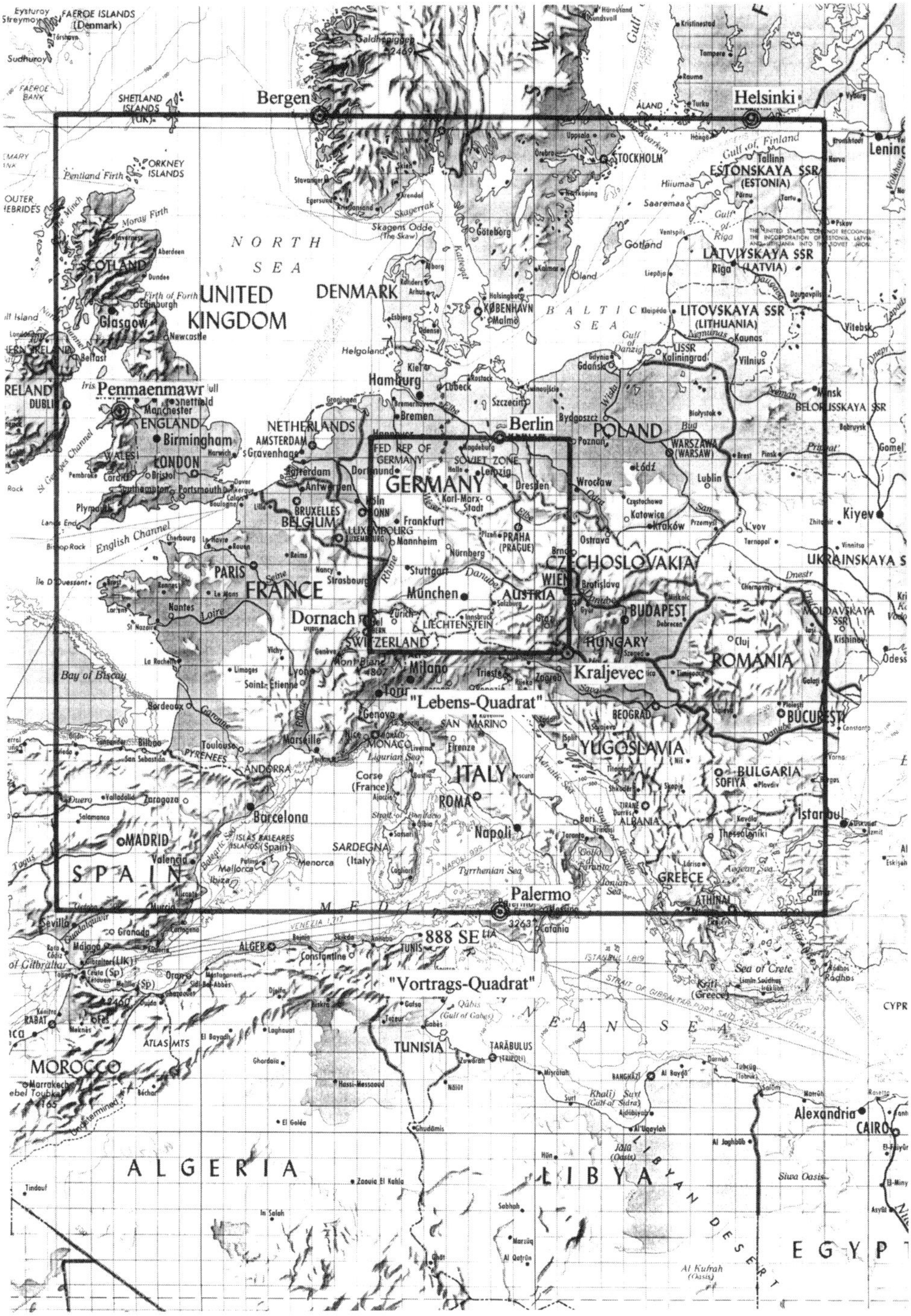
Bergen
Helsinki
Penmaenmawr
Berlin
Dornach
Kraljevec
"Lebens-Quadrat"
Palermo
"Vortrags-Quadrat"
NORTH SEA
UNITED KINGDOM
DENMARK
NETHERLANDS
BELGIUM
FRANCE
GERMANY
POLAND
CZECHOSLOVAKIA
AUSTRIA
SWITZERLAND
HUNGARY
ROMANIA
YUGOSLAVIA
BULGARIA
ITALY
ALBANIA
GREECE
SPAIN
MOROCCO
ALGERIA
TUNISIA
LIBYA
EGYPT
LIBYAN DESERT
BALTIC SEA
ESTONSKAYA SSR
LATVIYSKAYA SSR
LITOVSKAYA SSR
English Channel
Bay of Biscay
LONDON
PARIS
München
Milano
ROMA
Napoli
Barcelona
MADRID
BUDAPEST
WIEN
PRAHA
STOCKHOLM
KØBENHAVN
WARSZAWA
Kiyev
Alexandria
CAIRO

Abbildung 8

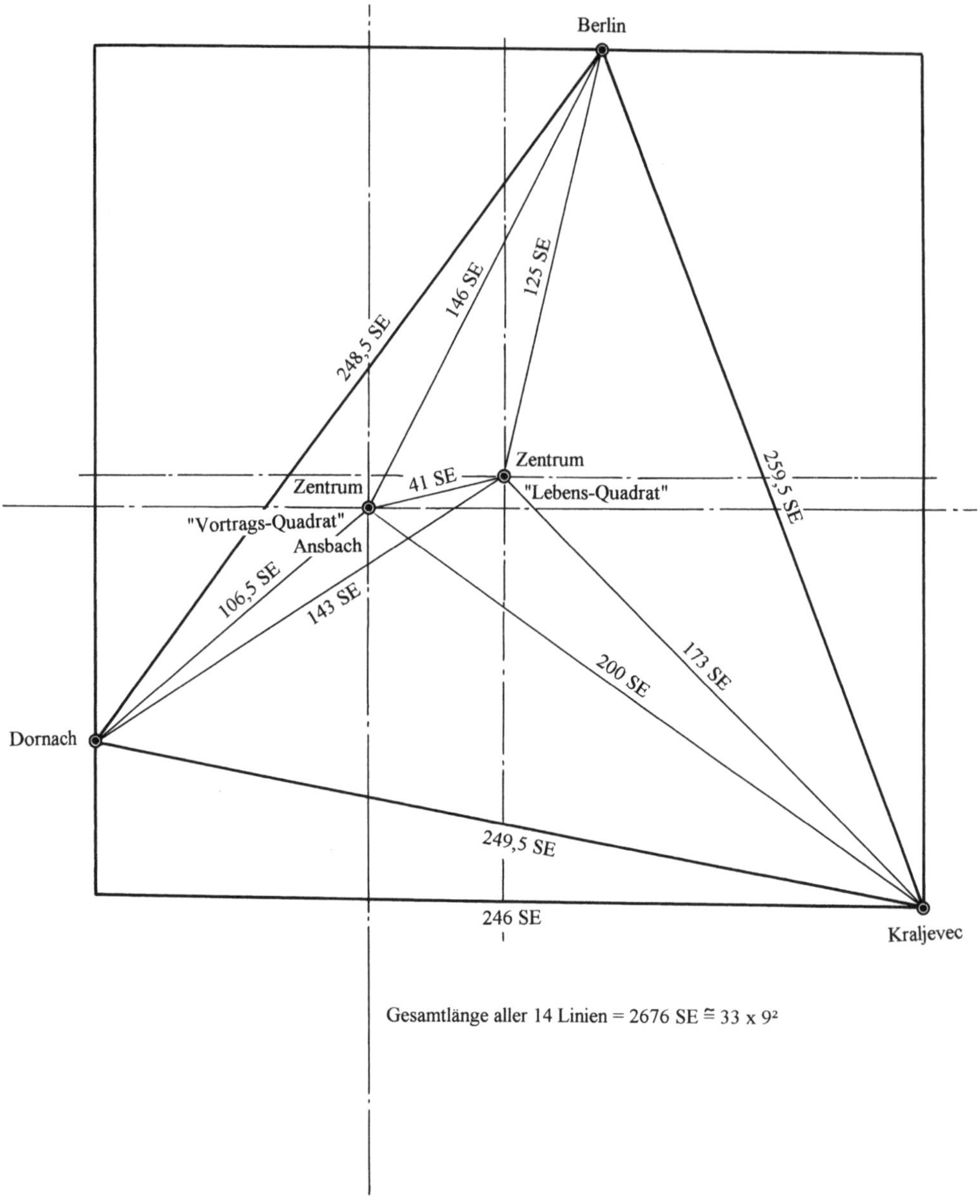

Gesamtlänge aller 14 Linien = 2676 SE ≅ 33 x 9²

Abbildung 9

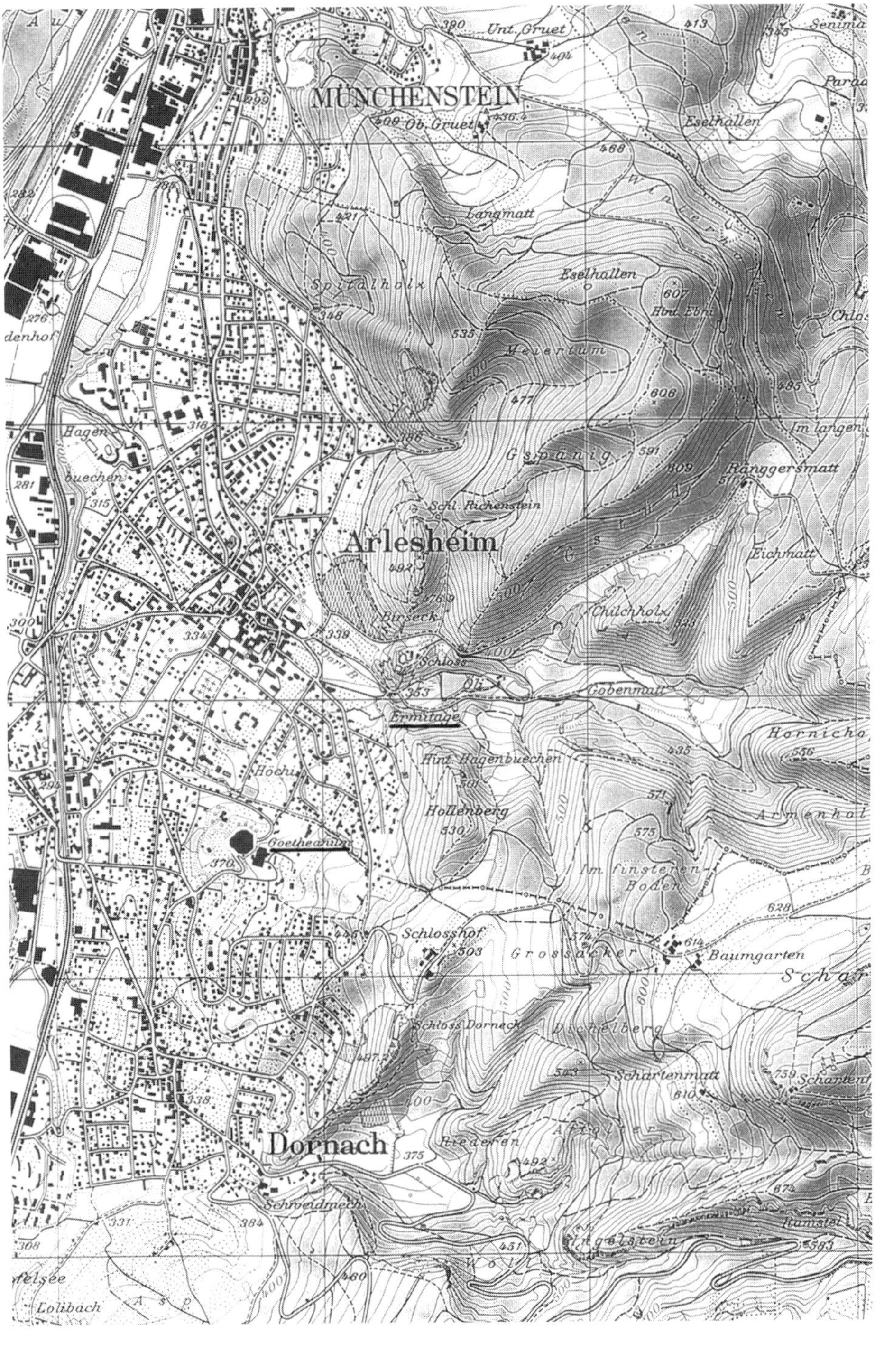
MÜNCHENSTEIN
Unt. Gruet
Ob. Gruet
Eselhallen
Langmatt
Spitalholz
Eselhallen
Hint. Ebni
Meiertum
Hagenbuechen
Gspänig
Ränggersmatt
Schl. Richenstein
Arlesheim
Eichmatt
Birseck
Chilchholz
Schloss
Gobenmatt
Ermitage
Hint. Hagenbuechen
Hollenberg
Goetheanum
Im finsteren Boden
Schlosshof
Grossacker
Baumgarten
Schloss Dorneck
Schartenmatt
Dornach
Riederen
Lolibach

Abbildung 10

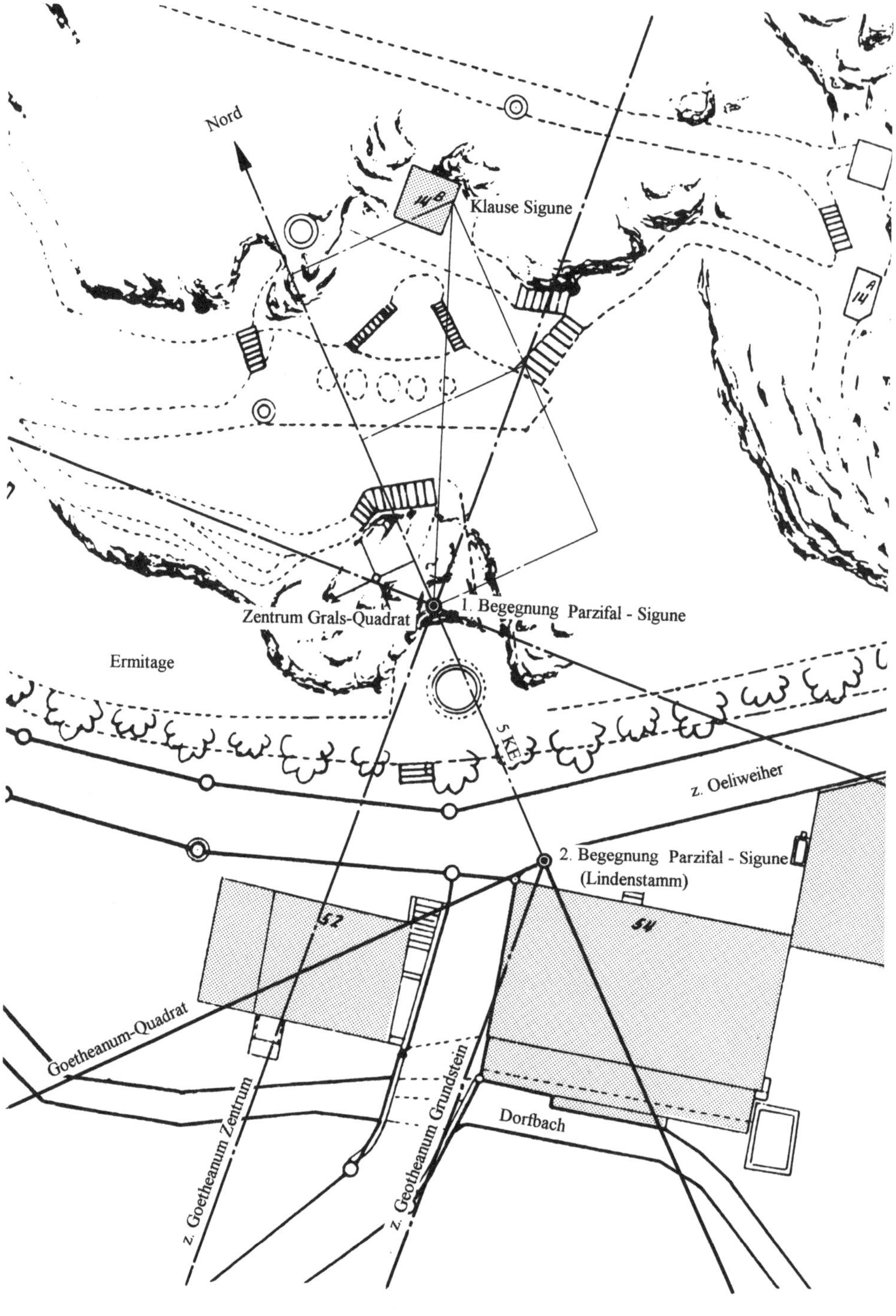

Abbildung 11

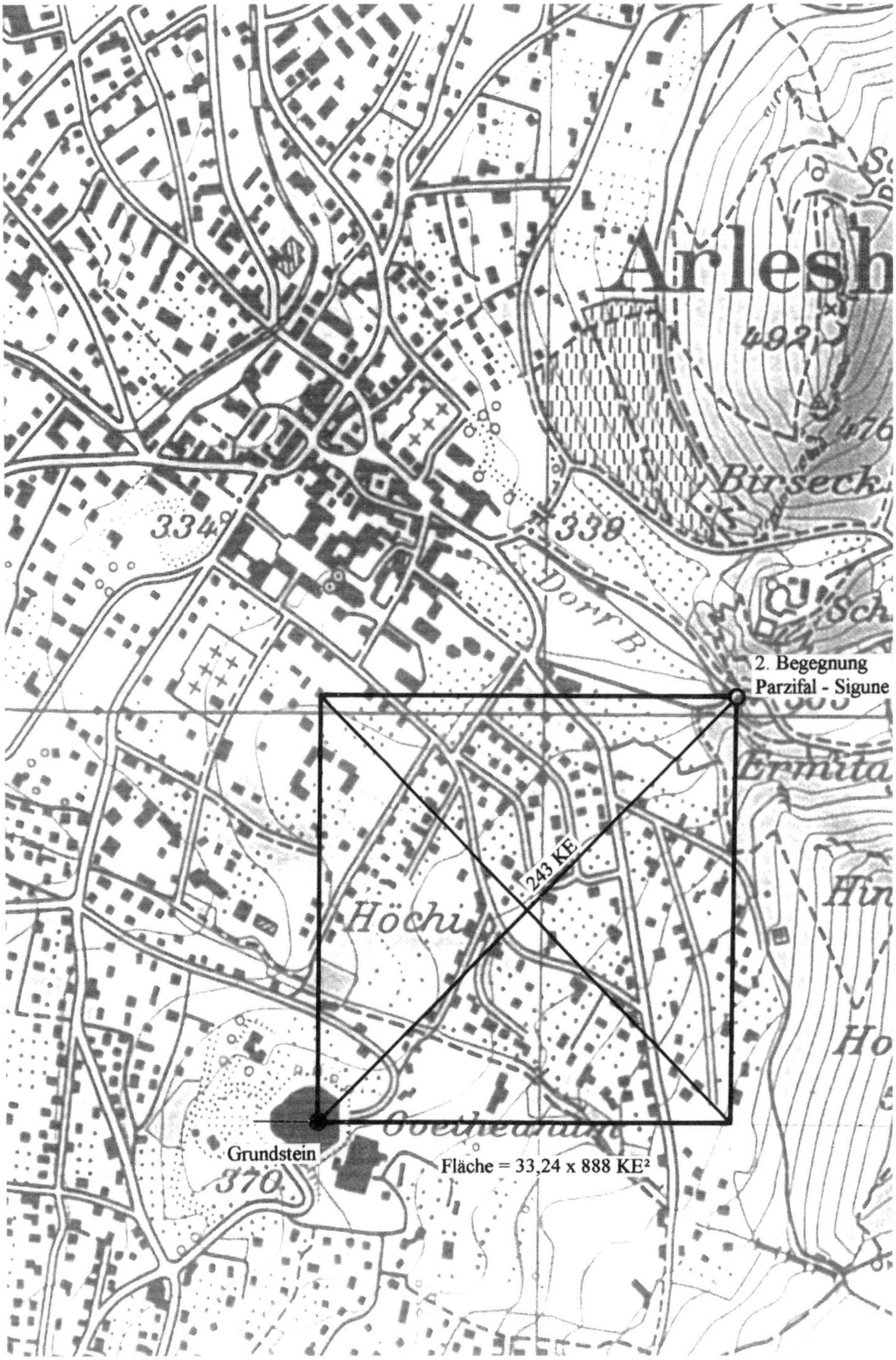

Abbildung 12

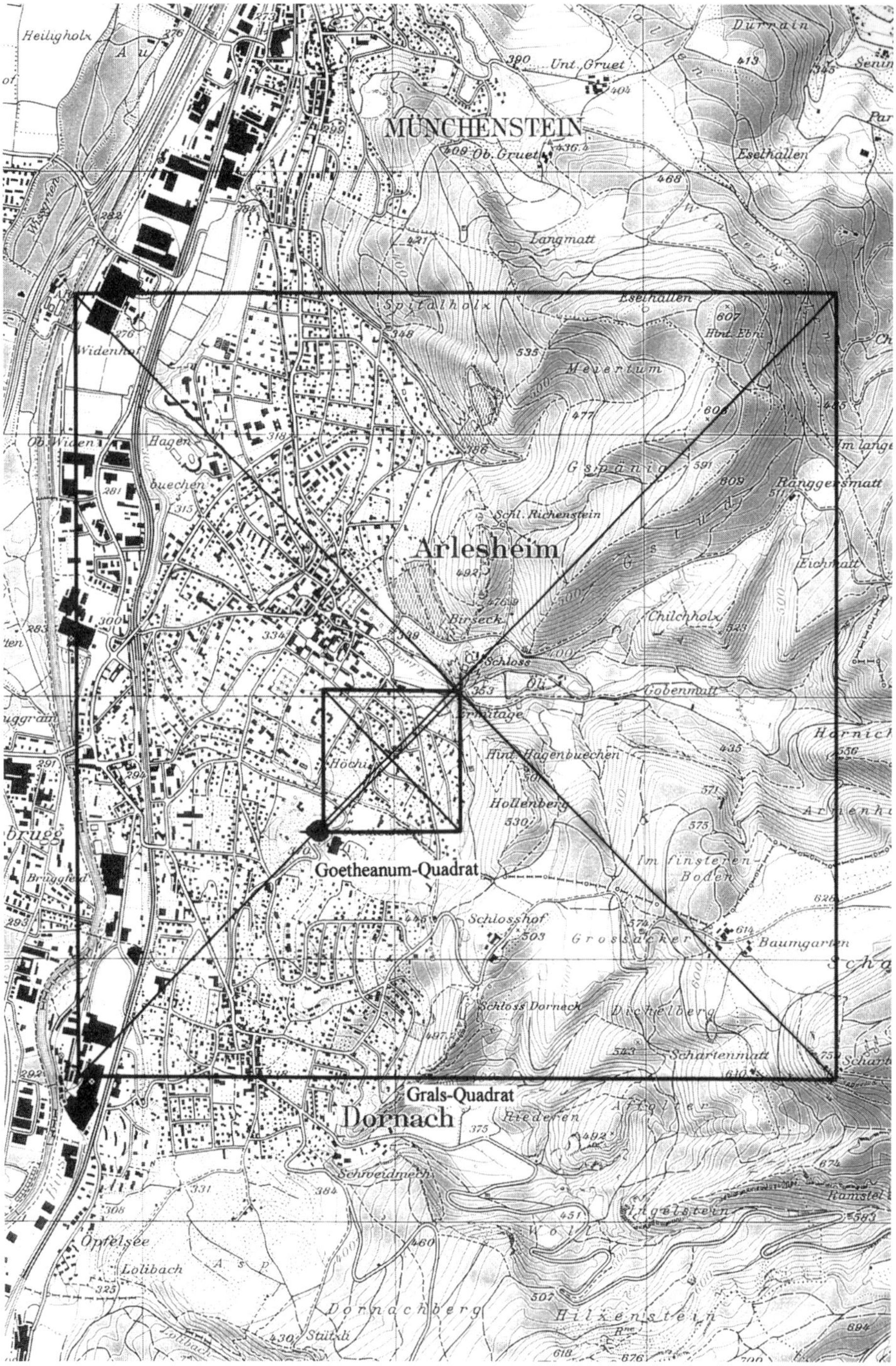

Abbildung 13

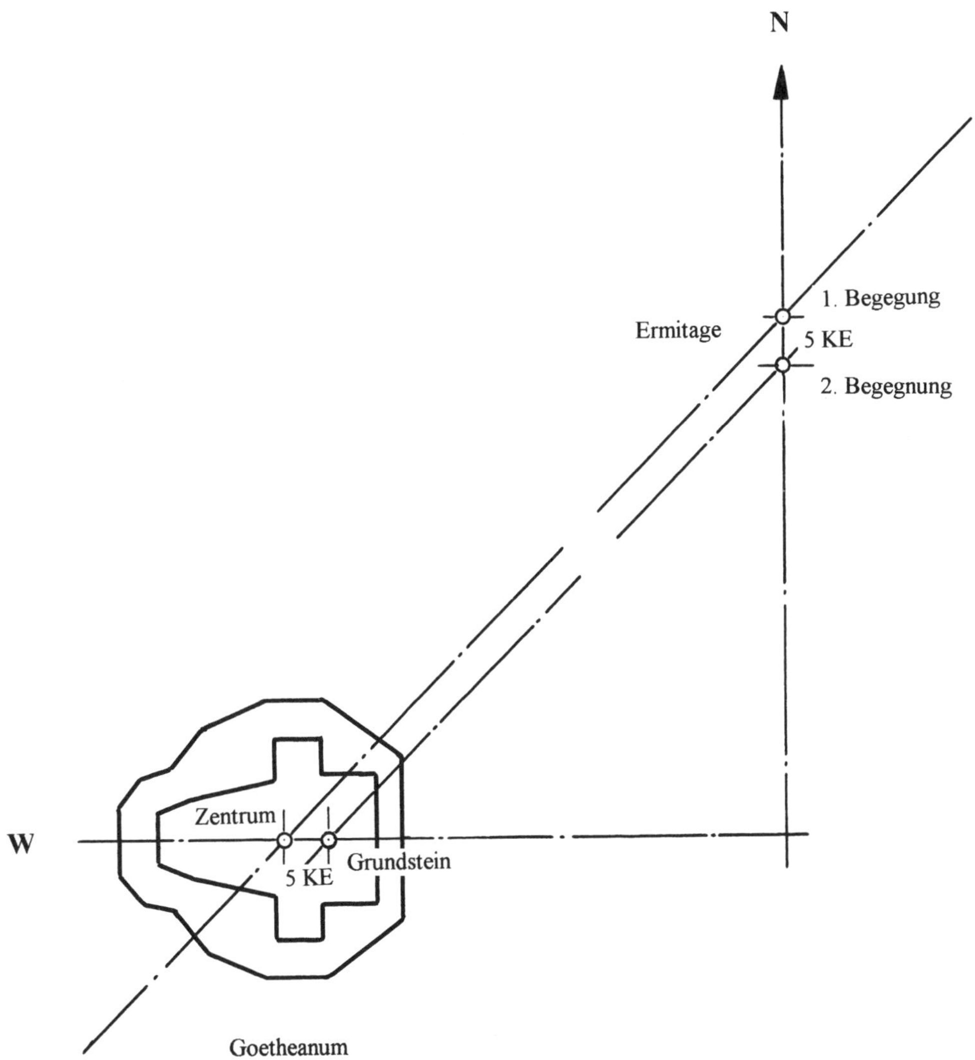

Abbildung 14

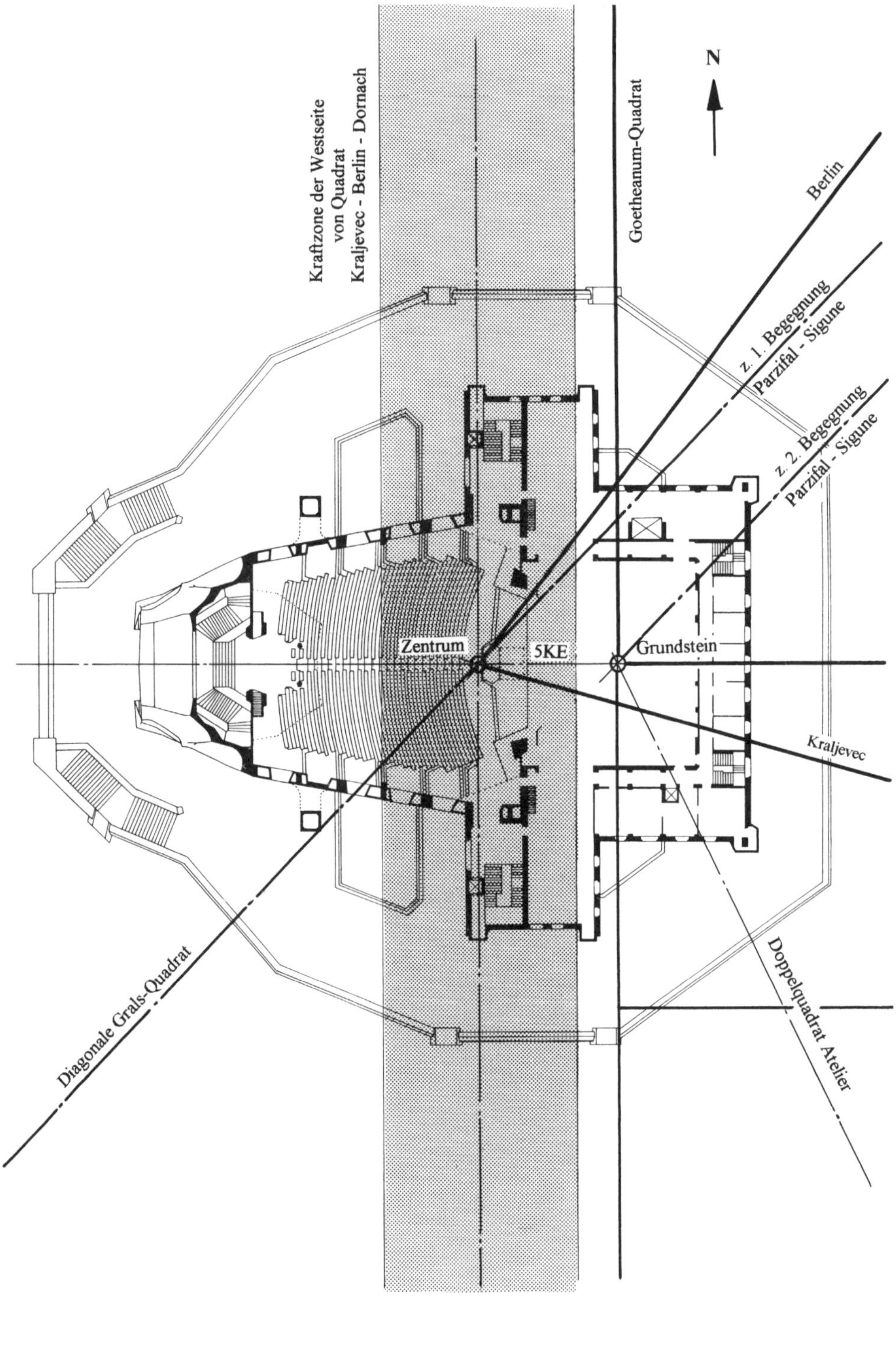

Abbildung 15

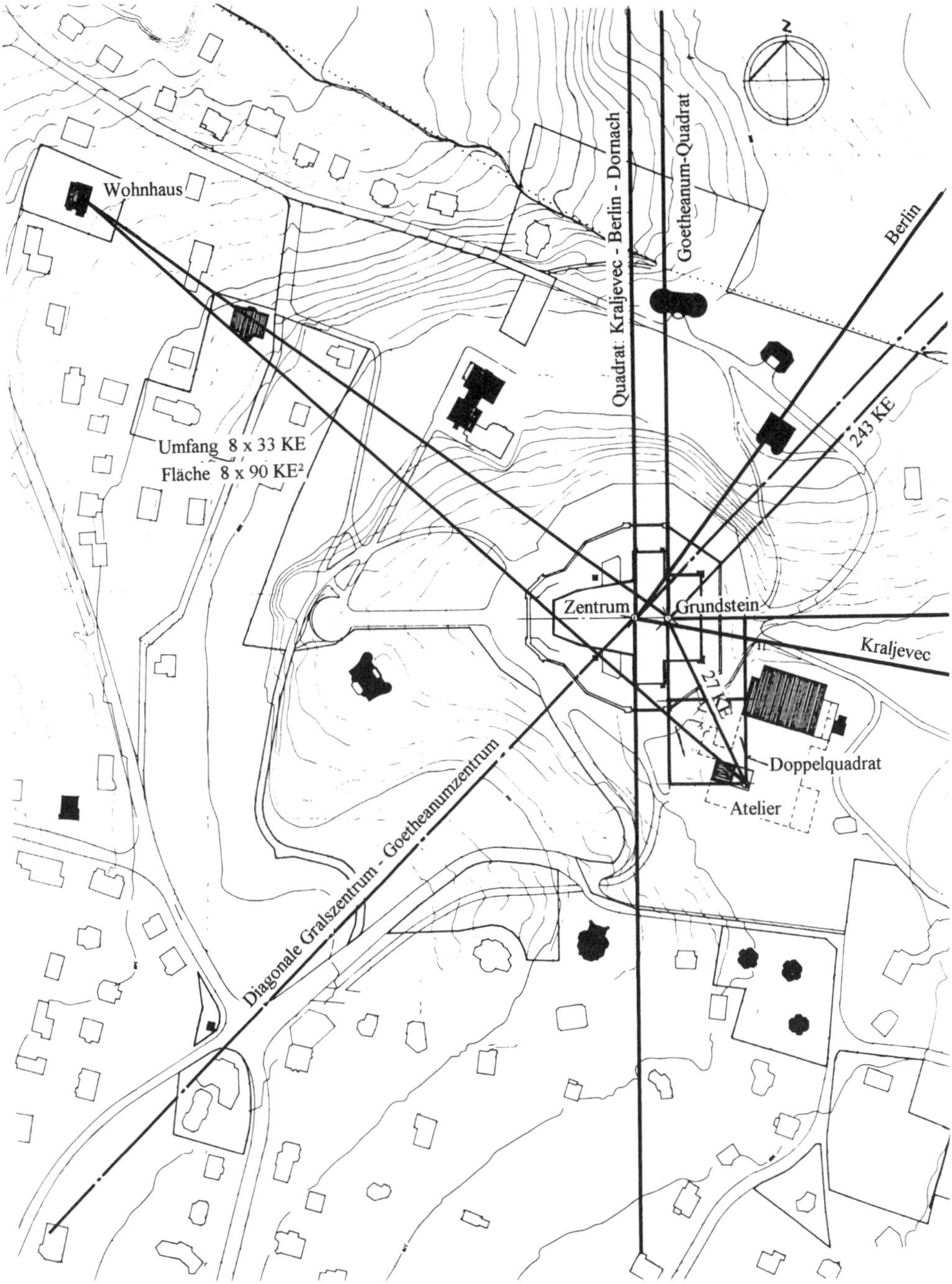

Abbildung 16

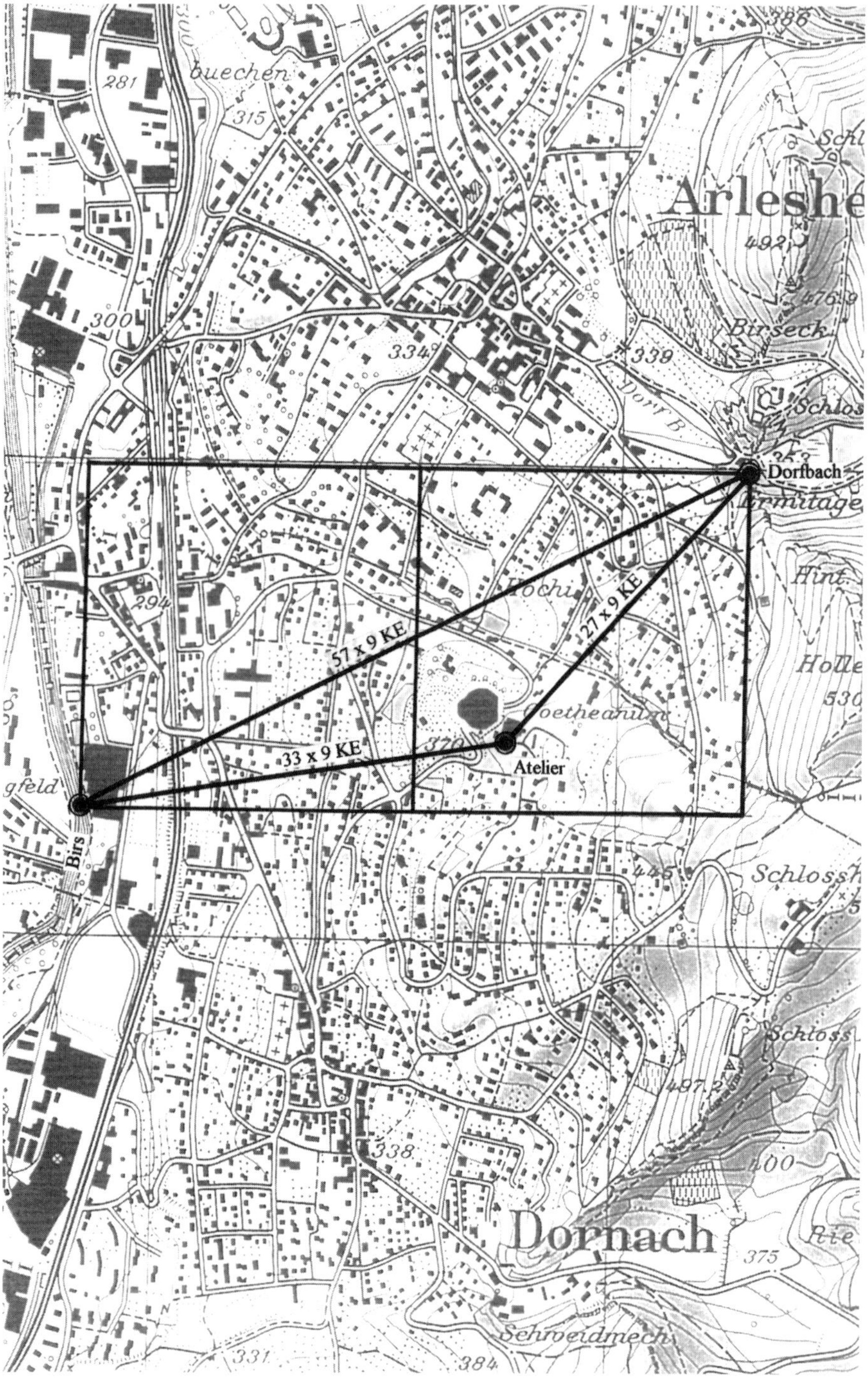

Abbildung 17

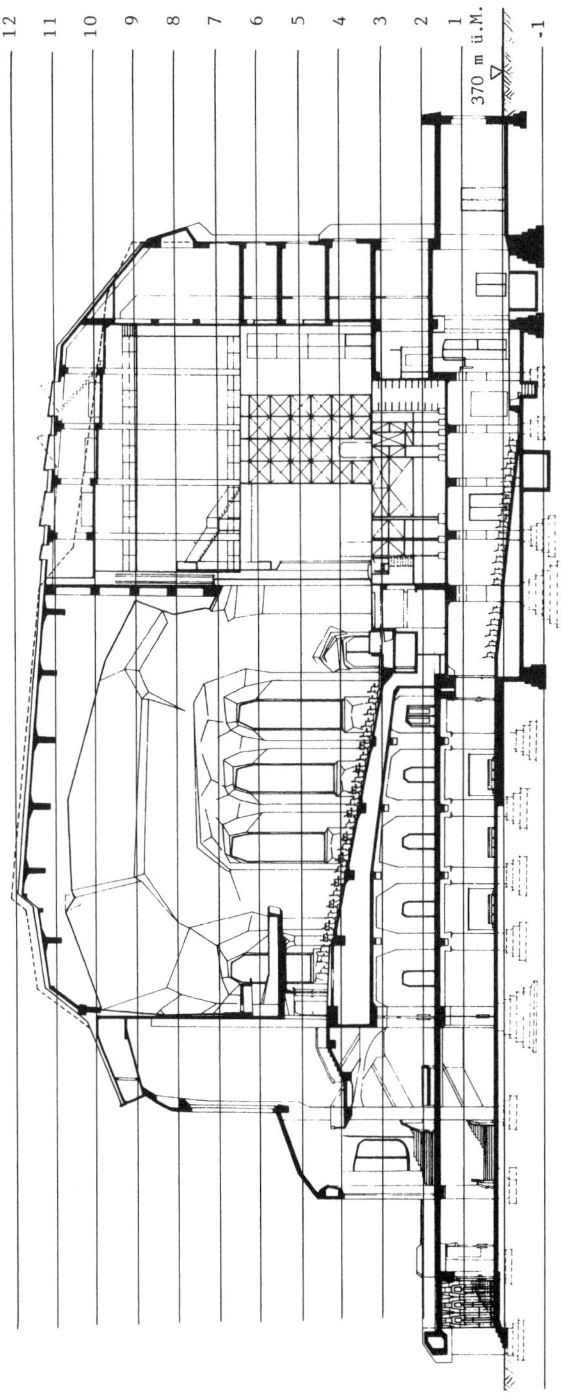

Goetheanum

Abbildung 18

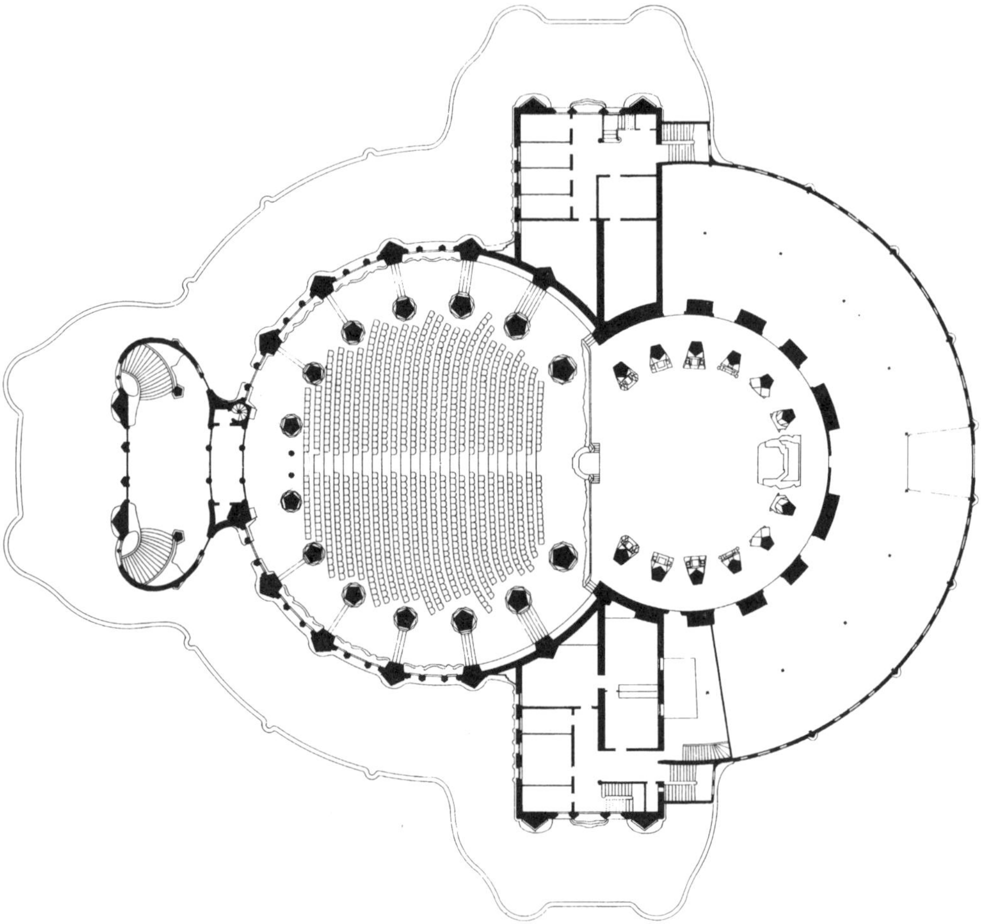

Erstes Goetheanum

Abbildung 19

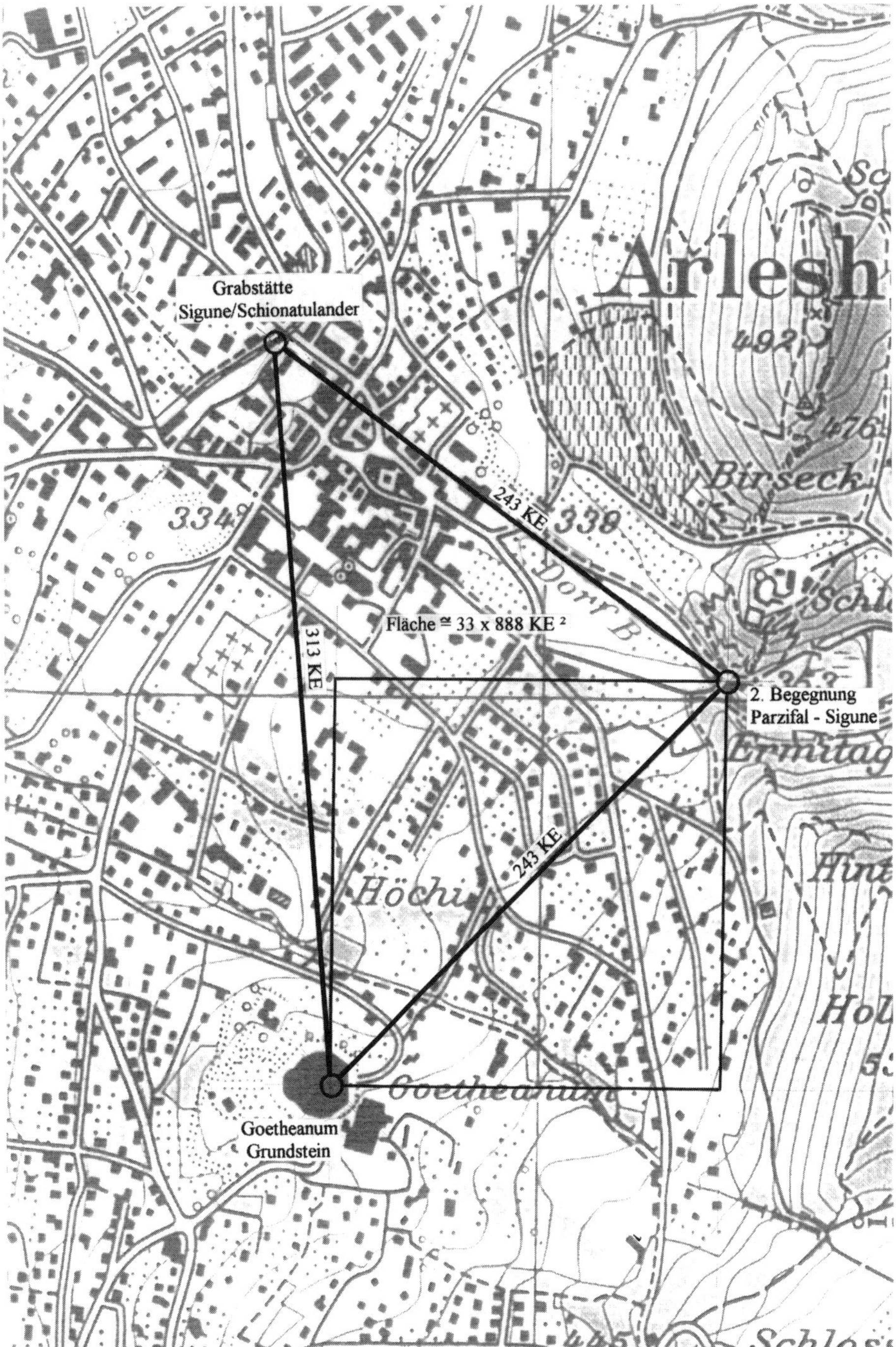

Abbildung 20

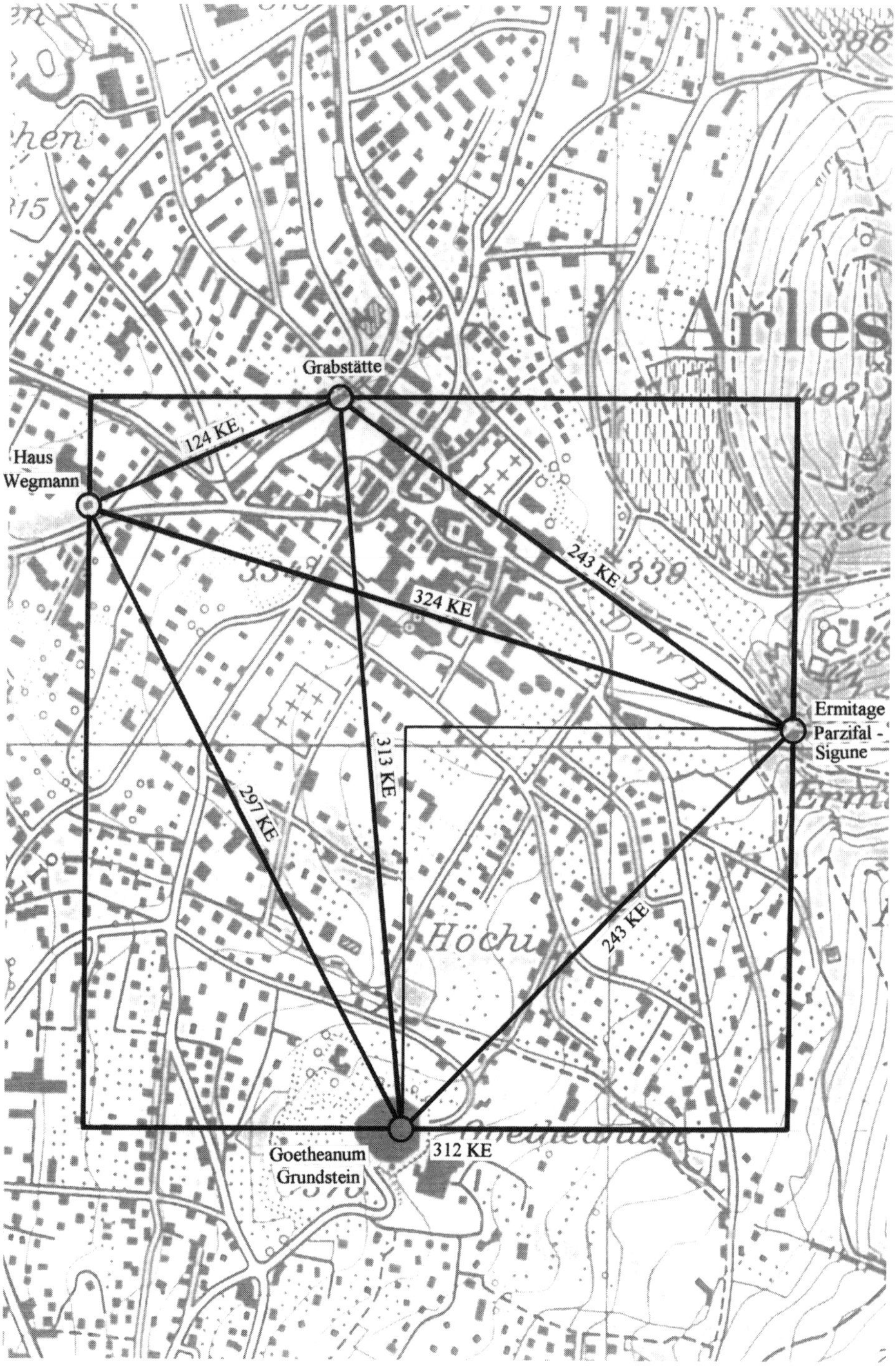

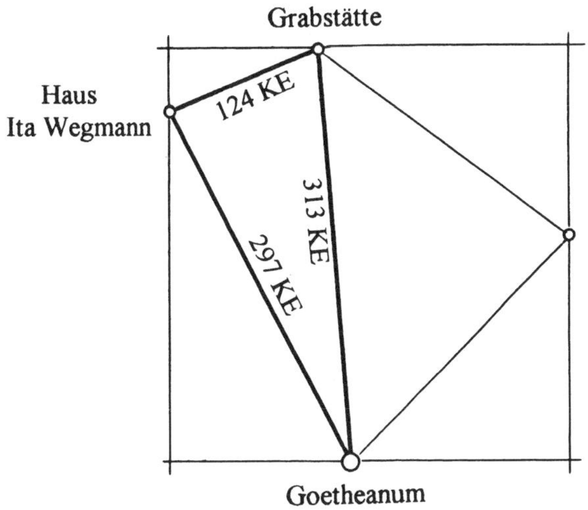

Umfang = 734 KE ≅ 9 x 9 x 9

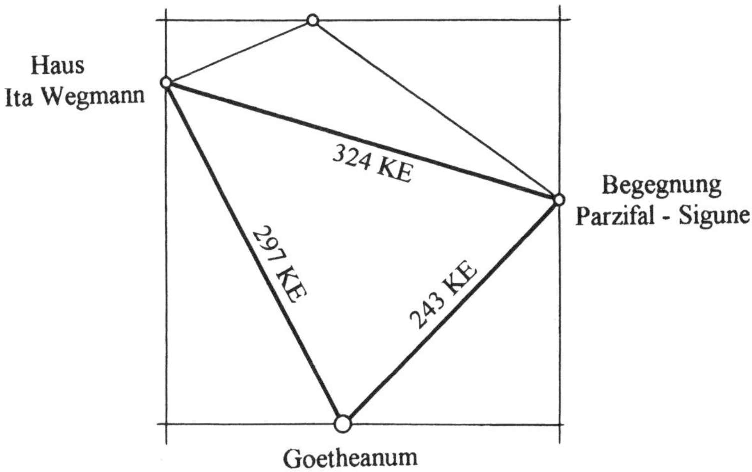

Umfang = 864 KE = 8 x 12 x 9

Abbildung 23

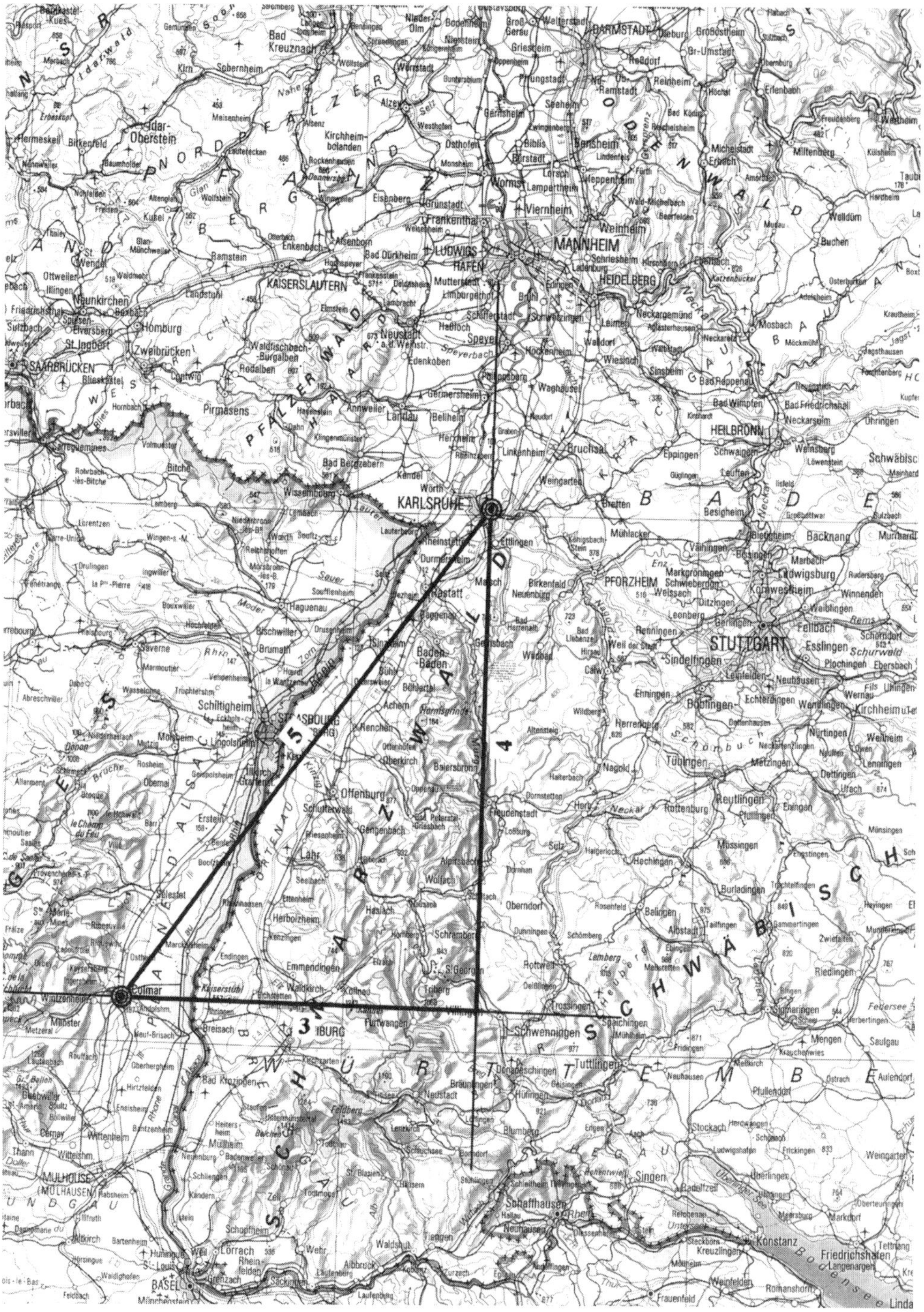

Abbildung 24

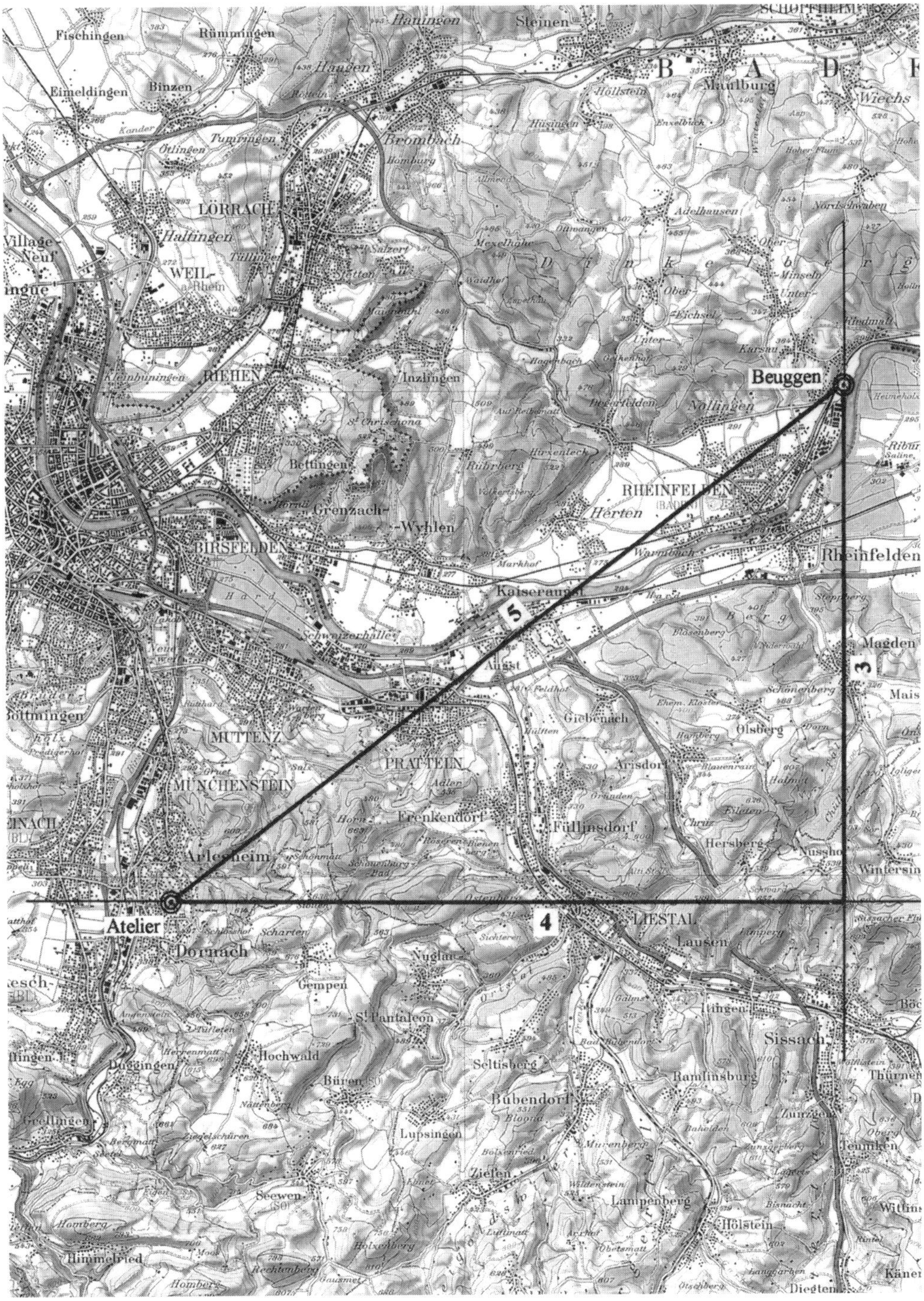

Literaturhinweise

Bindel, E.: Die geistigen Grundlagen der Zahlen, Stuttgart 1980

Endres, F. C./Schimmel A.: Das Mysterium der Zahl, München 1990

Funk, E./Schulz J.: Zeitgeheimnisse im Christusleben, Dornach 1983

Greub, W.: Wolfram von Eschenbach und die Wirklichkeit des Grals, Dornach 1974

Jauch, K.: Kosmische Geometrie im Leben Kaspar Hausers, Schaffhausen 1998

Jauch, K.: Kosmisches Mass und Heiligtum, Schaffhausen 1996

Kemper, C.: Der Bau, Stuttgart 1985

Raab, R.: Edith Maryon. Bildhauerin und Mitarbeiterin Rudolf Steiners. Eine Biographie, Dornach 1993

Raab, R.: Goetheanum Baublätter I, Dornach 1990

Rath, W.: Die Jugendzeit Rudolf Steiners in Österreich 1861 – 1890, Schaffhausen 1975

Steiner, R.: Mein Lebensgang, Dornach 1975

Wolfram von Eschenbach: Parzifal, Prosaübertragung von W. Stapel, München 1993